中国二十四节气

TWENTY-FOUR
SOLAR TERMS
IN CHINA

周家斌　周志华　　著

立冬〈小雪〈大雪〈冬至〈小寒〈大寒

立秋〈处暑〈白露〈秋分〈寒露〈霜降

立夏〈小满〈芒种〈夏至〈小暑〈大暑

立春〈雨水〈惊蛰〈春分〈清明〈谷雨

中国科学技术出版社
·北京·

图书在版编目（CIP）数据

中国二十四节气 / 周家斌，周志华著 . -- 北京：
中国科学技术出版社，2023.1

ISBN 978-7-5046-9552-9

Ⅰ. ①中⋯ Ⅱ. ①周⋯ ②周⋯ Ⅲ. ①二十四节气—
普及读物 Ⅳ. ① P462-49

中国版本图书馆 CIP 数据核字（2022）第 065370 号

总 策 划	秦德继	
责任编辑	关东东　鞠　强	
封面设计	马术明	
正文设计	中文天地	
责任校对	邓雪梅	
责任印制	马宇晨	

出　　版	中国科学技术出版社
发　　行	中国科学技术出版社有限公司发行部
地　　址	北京市海淀区中关村南大街 16 号
邮　　编	100081
发行电话	010-62173865
传　　真	010-62173081
网　　址	http://www.cspbooks.com.cn

开　　本	710mm×1000mm　1/16
字　　数	200 千字
印　　张	16.75
版　　次	2023 年 1 月第 1 版
印　　次	2023 年 1 月第 1 次印刷
印　　刷	北京瑞禾彩色印刷有限公司
书　　号	ISBN 978-7-5046-9552-9 / P・212
定　　价	88.00 元

前 言

　　二十四节气是中华传统文化的重要载体，是包罗万象的知识宝库，是一本读不完的大书。

　　古代殷商甲骨文中已有关于"日至"的记载，汉代《淮南子·天文训》中记载的二十四节气的内容和顺序已经同今天一样了。

　　二十四节气与阴阳、五行、八卦学说紧密相连，反映了我国古代天人合一的世界观，是我国传统文化的重要组成部分。天人合一学说认为天与人的关系密不可分，强调天道与人道、自然与人类的相通和统一。天人合一思想也是本书的核心理念。今天我们在谋求经济发展的同时，有必要继承天人合一的优秀文化传统，以达到经济、社会和人全面和谐发展的目的。

　　本书第一章简要地介绍了二十四节气的历史文化渊源和一些综合情况，包括有关的文学艺术作品。第二章开始对二十四节气做详细介绍，每个节气主要分成星象物候篇、天气篇、农时篇

（个别章节合并为天气农时篇）、养生篇四个部分；在重大的节令，还会另有礼仪篇或者节日篇。鉴于二十四节气可看作一种历法，也出于叙述二十四节气由来的需要，本书第三章介绍了各国历法的相关知识。最后，本书在第四章提出了一种新的节气历。

本书是一本可供不同年龄段读者阅读的科普书，主要述及已有的科学知识。但在撰写本书的过程中，作者同时加入了自己的学术成果：其一为对传统三伏的研究，建议推广传统夏三九，淡化传统夏三伏；其二为对历法问题的研究，提出了一种新的节气历。尽管是学术成果，我们仍然用科普的语言叙述，希望就这些学术问题与专家和读者一起探讨。

2016 年，"二十四节气——中国人通过观察太阳周年运动而形成的时间知识体系及其实践"被联合国教科文组织根据《保护非物质文化遗产公约》列入《人类非物质文化遗产代表作名录》，这是全世界对二十四节气这一宝贵文化遗产的高度认同，是对中国古代人民科学智慧的真诚赞誉。

我们每位炎黄子孙都有责任了解、保护和传承这一文化遗产，使之不断发扬光大，也使我们的日常生活更加多姿多彩，充满文化意趣、艺术情调和科学内涵。

本书涉及面广，作者知识多有欠缺，书中不当之处在所难免，敬请读者批评指正。

目 录

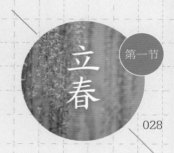

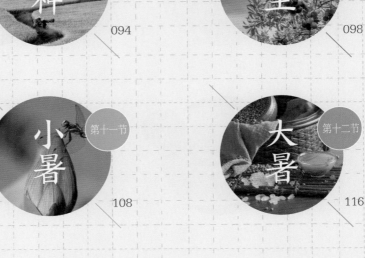

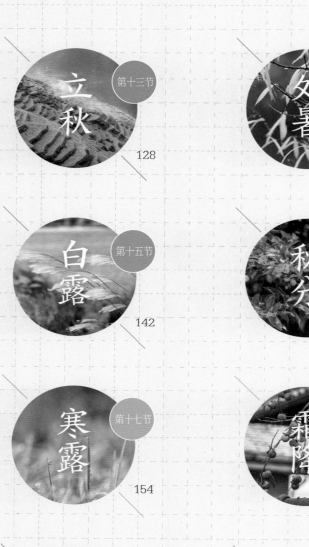

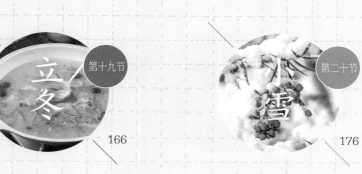

大雪 第二十一节

冬至 第二十二节

小寒 第二十三节

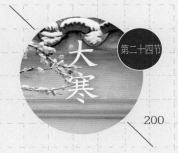

大寒 第二十四节

辉煌文化

第一章

第一节
源远流亦长

　　《红楼梦》第七回里，周瑞家的问薛宝钗吃的冷香丸是怎么配制的，薛宝钗细声细气地说了一大篇。大意是：要春天的白牡丹蕊十二两，夏天的白荷花蕊十二两，秋天的白芙蓉蕊十二两，冬天的白梅花蕊十二两，将这四样花蕊在次年春分这一天晒干研好；再要雨水这天的落水十二钱，白露这天的露水十二钱，霜降这天的霜十二钱，小雪这天的雪十二钱，把这四样水调匀了，丸成龙眼大的丸子。薛宝钗在这里提到的春分、雨水、白露、霜降、小雪是我国二十四节气中的五个节气。这说明二十四节气不仅用于农事活动，而且已经渗透到人们的日常生活中了。

　　二十四节气在我国的发祥极为久远。据《易·系辞》记载，伏羲氏仰观俯察，则河图、洛书而画卦。河图、洛书中已明确提出四时五方、八卦九宫概念，内含二分（春分、秋分）、二至（冬至、夏至）及八节（二分、二至，再加四立即立春、立夏、立秋、立冬）等内容。

　　三千年前，殷商的甲骨文上已有十三月的名称。《尚书·尧典》说：

"三百有六旬有六日以闰月定四时成岁。"所谓"三百有六旬有六日"就是阳历年,"以闰月定四时成岁"乃阴阳历并用。

在甲骨文中有关于日至、冬至、夏至的记载。战国前的《尚书·尧典》中提出四个节气,《左传》中增加到八个,《吕氏春秋》增加到十三个,到汉代《淮南子·天文训》中记载的二十四节气的内容和顺序已经同今天一样了。西方到今天只有春分、夏至、秋分、冬至四个时间节点,不像我们中国还有立春、雨水、惊蛰等时间节点。

《尚书·尧典》对我国古代历法作了多方面的记述,谈到闰月和四季,谈到"日中""日永""宵中""日短"四个节气,也就是今天所说的春分、夏至、秋分、冬至。这是古人用树干测日影的方法确定的四个节气,是二十四节气的核心。

公元前7世纪,我国人民就开始用土圭测日影的方法确定夏至的时间。土圭是由叫作"表"的直立的标杆和平放在地上并与之垂直的叫作"圭"的标尺组成。标杆高八市尺①。正午太阳照在标杆上,杆影就投射到标尺上。古人在春分之日,用土圭测影,测得影长七尺二寸四分。那时,人们就已经注意到日影的长度与昼夜的长度有关。

《左传》是一部编年体史书,主要记述春秋时期诸侯各国的事。书中多次谈到"分至启闭"。例如,其中《僖公五年》说:"凡分至启闭,必书云物。"这里的"分至启闭"中的"分"指春分和秋分;"至"指夏至和冬至;"启"指立春和立夏,又指农作物的发芽、抽叶、开花期;"闭"指立秋和立冬,也指农作物的收获和储藏。这就是说,"分至启闭"是指上述八个节气。《礼记》一书的《月令》篇也提到了这八个节气。

到战国时期,秦国的巨商吕不韦招揽门客写成《吕氏春秋》一书。此书的《十二纪》篇除了提到上述八个节气外,还另记有"始雨

---

① 1市尺=0.33米,1寸=3.33厘米,1分=3.33毫米。

水""蛰虫始援""小暑至""白露降""霜始降"。后来就形成了雨水、启蛰、小暑、白露、霜降五个节气。这就是说,在秦始皇统一六国之前,就已经有了十三个节气,占二十四节气的一半以上。

西汉初期,淮南王刘安招致宾客著书立说,集体编成《淮南子》一书。该书距今约有两千一百年,其中《天文训》对二十四节气有完整的记载。当时,为了避讳汉景帝刘启的名字,将前人所说的"启蛰"改成了"惊蛰"。

汉章帝建初七年(82年),史学家班固写成《汉书》。该书的《律历志》第一次将二十四节气作为历法载入史册,此后便一直流传至今。

节气的规定方法有两种。一种叫"平气"(也叫"恒气"),另一种叫"定气"。"平气"以一年的二十四分之一为准。"定气"以太阳在黄道上的位置为准,每隔黄经十五度一个节气。古代基本用"平气"定节气。北齐(550—577年)张子信发现太阳在黄道上运行的速度不均匀。隋仁寿四年(604年)刘焯创造了推算"定气"的方法,可惜当时未能实行。唐代僧一行采用"平气"来注历,而用"定气"来推算日月交食。到清代时完全改用"定气",并流行至今。

那么,"平气"和"定气"两种方法孰优孰劣呢?现在看来,按"平气"确定二十四节气,能够保证各节气之间的间隔相同,从历法的角度看是有好处的,但不能保证冬至时昼最短夜最长、夏至时昼最长夜最短、春分秋分时昼夜平分。按"定气"确定二十四节气,各节气之间的间隔小有差异,但能保证冬至时昼最短夜最长、夏至时昼最长夜最短、春分秋分时昼夜平分。这就是说,按"定气"确定二十四节气有准确的天文意义,与一年中太阳辐射的变化有固定的关系,因而不失为更好的确定节气的方法。

明顾炎武《日知录》说:"三代以上,人人皆知天文。'七月流火',

农夫之辞也。'三星在户'，妇人之语也。'月离于毕'，戍卒之作也。'龙尾伏辰'，儿童之谣也。后世文人学士，有问之而茫然不知者矣。"这就是说，夏商周三代的时候没有二十四节气，所以人们的衣食住行统统要看星宿的出没来决定，天文常识就很普遍；后来有了节气、月令，像"清明下种，谷雨下秧"这类谚语和"九九歌"流行以后，一般老百姓就无须仰观天文了。

二十四节气是中国历法的独创。古巴比伦、古希腊、古罗马也用阴阳历，和中国是一样的。不过，同一时代我们的历法要比古希腊、古罗马更先进。在战国时期，我们测定阳历年的长短已极有把握。西方到了相当于我国西汉末年的时候，历法还非常混乱。直至古罗马统治者恺撒制定并颁布了儒略历，西方历法的制定才走上了正轨。

二十四节气在几千年的历史长河中，有了长足的发展。它不仅是一种历法，而且与天文学、气象学、物候学、农学、文学艺术及传统民俗相结合，形成了博大精深的节气文化。因此我国的二十四节气堪称一部宏大的百科全书，用"辉煌"二字来形容其历史发展是再恰当不过了。

第二节 本质是阳历

有人以为阳历是从西方传来的，西方古代历法要比中国精密高明，这种看法其实是错误的。

前文说过，古巴比伦、古希腊和古罗马也用阴阳历，跟中国一样，但我们的历法要先进很多。

可能有人要问，为什么会出现阳历和阴历两类历法？两者为什么不能统一呢？为什么会有大小月和闰年这些复杂的安排呢？其实这一切都是大自然形成的天然命题。要知道，日、月、年这些纪时单位实际上来源于太阳、月亮、地球之间的相互关系，都是天然的时间尺度，而阴历和阳历之所以难以调和，就在于月亮绕地球和地球绕太阳这两个周期天生互不匹配。

让我们仔细算一算。月亮绕地球一周所需时间为 29.53259 天，就是 29 天 12 小时 44 分 3 秒。地球绕太阳一周所需时间是 365.242216 天，即 365 天 5 小时 48 分 46 秒。两个周期不能相互除尽。但历法在日常生活中天天用到，如果使用小数，又会带来很多不便。为了解决这个问题，东西方的古人想了很多办法。中国古代农历把阴阳两方调和得相当成功。阴历大月三十天，小月二十九天。按照一年六大六小十二个月，计三百五十四天，要比阳历年少十一天有余，就用闰月的办法来解决差额。十九个阴历年加上七个闰月就和十九个阳历年几乎相等了。我国在春秋中叶，已知道十九年七闰的方法，要比古希腊人默冬发现这个周期早一百六七十年。到了春秋中叶，我国历学有了显著的进步。依据日本学者新城新藏的推断，这是由于在鲁文公、鲁宣公时代即公元前7世纪，已采用土圭观测日影来定冬至和夏至。古希腊用土圭测定冬夏至，尚在我国之后数十年。汉武帝时用太初历，统以三百六十五天又四分之一日为一岁，比古罗马恺撒所颁布的儒略历要早很多年。

我们祖先的伟大贡献之一是创造了二十四节气。这些节气的确定完全根据太阳在黄道上的位置，因而是一种纯粹的阳历，同时也是解决阴历与阳历调和问题的一种途径。我们先看看二十四节气是如何确定的，更详细的历法知识会在第三章进行深入介绍。

太阳回归年周期在黄道上形成二十四个特定点，即二十四节气。同样北斗七星在一年中也正好转一圈，将斗柄所指分成二十四个方向，称为二十四向。二十四向正好与二十四节气相对应（图1-1）。二十四向中，中气所对应的斗柄方向用地支表示，"四立"所对应的方向用卦名表示，其余节气所对应的方向用天干表示。《淮南子·天文训》说："十五日为一节，以生二十四时之变。"这里二十四变指的就是二十四节气。《天文训》所载的二十四节气已与现今通行的完全一样。现在节录于此：

斗指子则冬至……加十五日指癸则小寒……加十五日指丑则大寒……故曰距日冬至四十六日而立春……加十五日指寅则雨水……加十五日指甲则惊蛰；加十五日指卯，中绳，故曰春分……加十五日指乙

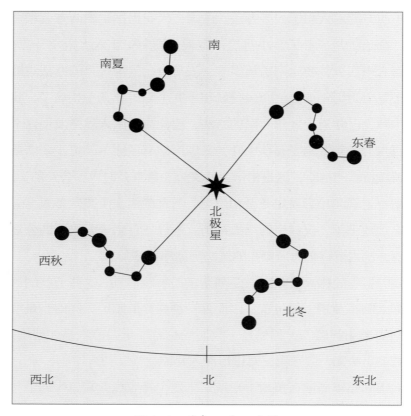

图1-1 斗柄二十四向图

则清明……加十五日指辰则谷雨；加十五日……则春分尽，故曰有四十六
日而立夏……加十五日指巳则小满……加十五日指丙则芒种……加十五
日指午则阳气极，故曰有四十六日而夏至……加十五日指丁则小暑……
加十五日指未则大暑……加十五日……则夏分尽，故曰有四十六日而立
秋……加十五日指申则处暑……加十五日指庚则白露……加十五日指酉，
中绳，故曰秋分……加十五日指辛则寒露……加十五日指戌则霜降……
加十五日……则秋分尽，故曰有四十六日而立冬……加十五日指亥则小
雪……加十五日指壬则大雪……加十五日指子……故十一月日冬至……

前面这段话里，讲北斗星斗柄所指即节气所在，斗柄的方位以干支和卦名表示。中绳指昼夜长度相等。一年的长度是365.2422日。二十四等分后是15.2184日，就是一个节气的平均长度。就是说，两个节气之间的长度是十五日多一点，所以三个节气就占去四十六天左右了。上面所说的春分尽，是指春天结束了；而夏分尽和秋分尽，则分别是指夏天和秋天结束了。所谓日冬至指太阳到达冬至时斗柄所指的位置，日夏至也是如此。

现在让我们把二十四节气逐个介绍一下。

立春：表示春季的开始。

雨水：指降水开始，雨量渐增。

惊蛰：意为春雷乍动，惊醒了蛰伏在土中冬眠的动物。

春分：表示春季的中间。

清明：含有天气晴朗、草木繁茂的意思。

谷雨：表示雨量充足，谷物茁壮成长。

立夏：表示夏季的开始。

小满：指麦类等夏熟作物灌浆成熟，籽粒开始饱满。

芒种：表示麦类等有芒作物成熟。

夏至：表示炎热的夏季到来。

小暑：暑者，热也，表示最热的时日开始。

大暑：表示最热的时日。

立秋：表示秋季的开始。

处暑：表示炎热的夏季结束。

白露：表示天气渐凉，露水凝结。

秋分：表示秋季的中间。

寒露：表示露水将要凝结为霜。

霜降：表示天气变冷，开始降霜。

立冬：表示冬季的开始。

小雪：表示天气寒冷，开始降雪。

大雪：表示天气更冷，大雪纷飞。

冬至：表示寒冷的冬季到来。

小寒：表示最冷的时日开始。

大寒：表示最冷的时日。

二十四节气，涉及寒来暑往变化的有立春、春分、立夏、夏至、立秋、秋分、立冬、冬至，涉及温度变化的有小暑、大暑、处暑、小寒、大寒，涉及降水的有雨水、谷雨、白露、寒露、霜降、小雪、大雪，涉及物候和农事活动的有惊蛰、清明、小满、芒种。当然，这只是简单的分类，许多节气同时具有多种含义。

二十四节气是根据太阳在黄道上的位置定出来的。太阳转一周为三百六十度，将三百六十度作二十四等分，每十五度定一个节气。春分为零度，清明十五度，依此类推。一般说来，春分为公历 3 月 21 日，夏至在 6 月 22 日，秋分在 9 月 23 日，冬至在 12 月 22 日。各节气对应的公历日期基本固定，各年间相差不超过一两天（图 1-2）。

对一个地方来说，一年中太阳在黄道上的位置不同，阳光的入射角不同，因而接收到的太阳辐射不同。太阳辐射是决定气候的最主要的因素，因而由太阳在黄道上的位置所定出来的二十四节气是一种标准的阳历。

这样多的节气和它们的日期我们能记住吗？能！因为有人已经为我们编好了歌诀：

春雨惊春清谷天，夏满芒夏暑相连。

秋处露秋寒霜降，冬雪雪冬小大寒。

每月两节日期定，有差不过一两天。

上半年是六廿一，下半年逢八廿三。

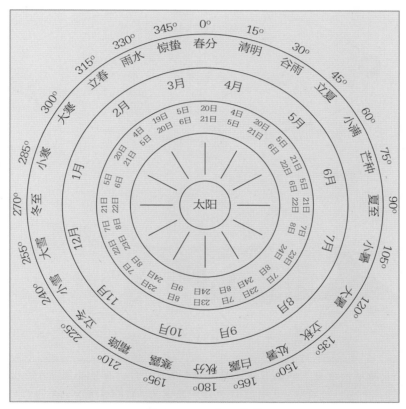

图 1-2　二十四节气

　　由于太阳在黄道上移行快慢不匀，两个节气之间相隔的日数不完
全一样。冬至时，地球在近日点附近（注意，只是在附近，不是正好
在近日点。见图 1-3），太阳在黄道上一天走一度一分八秒，两个节
气之间相隔只有十四日多。夏至时，地球在远日点附近（也是在附

近，不是正好在远日点），太阳在黄道上一天只走五十七分十一秒，两个节气之间相隔要十六日多。

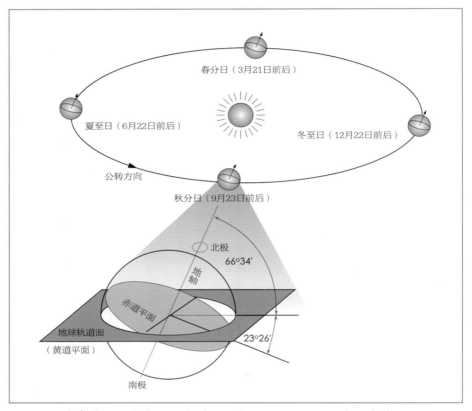

图 1-3　地球的近日点和远日点（远日点：7 月 2 日，日地距离为 152,000,000 千米；近日点：1 月 2 日，日地距离为 147,000,000 千米 ）

第三节
五行与八卦

讲二十四节气，先得讲中国传统文化中的阴阳、五行、八卦学说。

阴阳、五行、八卦学说是古人认识自然和解释自然的宇宙观和方法论，是古代的唯物论和辩证法。阴阳、五行、八卦学说是一种天人合一、万物一体的宇宙理论体系。这种宏观的、整体的、系统的理论框架，在人类历史上绝无仅有，是世界文化史上一项伟大的系统工程。

阴阳、五行、八卦思想反映了日月五星等天体的运行规律。它是古人长期对大自然运动变化进行观测并加以归纳抽象的结果。古人在创立天文学和历法的同时，阴阳、五行、八卦学说也就相伴而生。

这里不可能也没有必要全面介绍阴阳、五行、八卦学说，只是把它们与二十四节气有关的内容介绍一下。

大千世界分阴阳

《尚书·尧典》说帝尧命羲和等人分居五方，常年分管观测太阳出没、昼夜及其长短等天象工作，于是便有了"日中星鸟""日永星火""宵中星虚""日短星昴"的说法。这里"鸟""火""虚""昴"是星名。"日中星鸟"说的是春分时太阳在鸟星处，昼夜同长。"日永星火"说的是夏至时太阳在火星处，日长夜短。"宵中星虚"说的是秋分时太阳在虚星处，昼夜同长。"日短星昴"说的是冬至时太阳在昴星处，日短夜长。这一说法的出现标志着二分二至的确立。阴阳观念正是从这种长期观测四时节律循环变化的基础上产生的。古人把昼夜和阴阳联系在一起。认为夏至日行北陆，昼长夜短，阳之至极；阳极必生阴，故称"夏至一阴生"。就是说，夏至时太阳直射处达到最北，白天最长，阳气达到顶点；此后，白天开始变短，阴气开始增加。同样，冬至日行南陆，昼短夜长，阴之至极；阴极必生阳，故称"冬至一阳生"。春分和秋分时，昼夜相等而阴阳平衡，故称"阴阳参半"。这就是《易传》所谓"观变于阴阳而立卦"的依据所在。

古人经过抽象概括，发现宇宙万物，无论是无形的太虚，还是有形的物体的性质和运动都有相对的两个方面。如天地、昼夜、水火、上下、寒暑、阴晴、明暗、刚柔、动静等，无不是互相联系而相对的统一体。于是，便将其概括为阴阳，并分别用符号"--"和"—"表示，称之为"阴爻"和"阳爻"。由此推之，物理学中的正电和负电，化学中的阳离子和阴离子，力学中的作用力和反作用力，天文学中的引力和斥力，数学中的正数和负数，海洋学中的涨潮和落潮，气象学中的暖气团和冷气团、高压和低压、干空气和湿空气，股票市场中指数的阳线和阴线、牛市和熊市等，尽管千差万别，但都有着共同的特点。凡是上升、活动、刚健、明亮、温热、雄性、开辟等皆被看作阳，凡是下降、沉静、柔顺、黑暗、寒凉、雌性、闭阖等皆可看作阴。两个互为相对的阴阳符号交换重叠三次成为八卦，八卦相重而成六十四卦。一部《周易》

正是由阴阳两爻组合而成的，它所阐明的就是宇宙万物依据阴阳变化、刚柔相推的法则而生成终始、生生不息。

阴阳学说认为，阴阳之间的基本关系可以概括为阴阳之间的相互对待、相互依存、相互消长和相互转化。

相互对待：有阴必有阳，阴阳之间缺一不可。

相互依存：阴阳双方任何一方都不能脱离对方而单独存在。

相互消长：阴阳经常处于"阳消阴长"和"阴消阳长"的运动变化状态之中。例如，冬至时阳生，直至夏至前为"阴消阳长"的过程；夏至时阴生，直至冬至前为"阳消阴长"的过程。

相互转化：阴阳在一定条件下可以相互转化。《老子》说："祸兮，福之所倚；福兮，祸之所伏。"我们平常说的"乐极生悲"也是指阴阳之间的相互转化。《内经》说："阳极生阴，阴极生阳""重阳必阴，重阴必阳"，这里的"极""重"就是转化的条件。

五行学说明事理

五行观念的产生，是古人观测日月五星运行规律而逐渐形成的。《史记·天官书》说："仰则观象于天，俯则法类于地。天则有日月，地则有阴阳。天有五星，地有五行。"就是说，观测天上日月和五星的运动及变化就可以理解地上各种事物的运动变化规律。

五星以水、火、木、金、土为序，依季节顺序出现于北极上空。古时曾以五星定四时，用五星的运动记日、记年。《三命通会》说："五行者，往来乎天地之间而不穷者也，故谓之行。"由此可见，五行学说同阴阳学说一样，也是古代先哲用以认识和解释客观世界变化规律的总结。人们进一步把五行和方位、颜色等联系在一起。《逸周书·小开武解》说："一黑位水，二赤位火，三苍位木，四白位金，五黄位土。"所谓"位"，是方位之意。水主北方，色黑；火主南方，色赤；木主东方，色苍；金主西方，色白；土主中央，色黄。五行学说认为，宇宙万物无不统一于五行结构的大系统之中。也就是说，以五行为主体，与五星、五方、五气（通常指风、暑、湿、燥、寒）、五色（通常指青、黄、赤、白、黑）、五数（说法不一，生数为三二五四一，成数为八七十九六）、五变（指五脏相应的色、时、音、味、日等五种病变表征）、五化（指生、长、化、收、藏等五个阶段）等五个方面加以归类配列，从而形成五个功能活动系统。凡是有寒凉润下功能的事物，都归之为水性；凡是有暑热炎上功能的事物，都归之为火性；凡是有生发疏达功能的事物，都归之为木性；凡是有坚燥清肃功能的事物，都归之为金性；凡是有长养万物功能的事物，都归之为土性。可见，中国古人是用五行来说明世界万物的起源和性质，比如，中医就用五行来说明各种生理和病理现象。

五行学说的具体内容包括五行相生、五行相克、五行乘侮、五行承治、五行制化等。

五行相生指五行相互滋生、培育、助长、促进，其规律是木生火、火生土、土生金、金生水、水生木、木又复生火……这样就使五行绵延不绝，循环不尽。在五行相生的关系中，有宜亦有忌。偏盛偏衰为忌，适中为宜。比如，金赖土生，土多金埋；火赖木生，木多火炽。意思就是，生之太过，反而为灾。

五行相克指的是五行之间相互克制、相互制约、相互排斥。同样五行相克也以偏盛偏衰为忌，适中为宜。相克是事物保持平衡的重要条件。

五行乘侮有恃强凌弱之意。相乘，就是相克太过，因而产生非常大的危害作用。比如，火若逢水，必为熄灭；但是，虽然水能克火，却又火炎水灼。

五行承治就是五行相互烘托，相互承受，相互中和。太过就制之，不及则补之，以达到平衡中和的目的。

五行制化就是通过制、补等手段达到自稳的最佳状态，它是宇宙间的自调节机制。

五行学说后来渗透到很多领域，对我国文化和民俗产生了很大影响。

八卦分为先后天

《系辞》说："易有太极，是生两仪。两仪生四象，四象生八卦。"意思就是，八卦是由阴阳两爻组合而成的。两仪为阴阳，四象为太阴、少阳、少阴、太阳。八卦为乾、坤、震、巽、坎、离、艮、兑，相传为我国的人文始祖伏羲氏所创（图1-4）。这个八卦叫先天八卦，亦称伏羲八卦。

图1-4　先天八卦图

我国历史最早的起源，是传说中的三皇五帝。三皇是伏羲、女娲、神农，五帝是黄帝、颛顼、帝喾、尧、舜。伏羲为三皇之首，是中华民族的人文始祖。传说伏羲是古成纪（今甘肃省天水市）人。伏羲为创造文字，上观日月飞禽，下察山石走兽，每时每刻，冥思苦想。一日，他正在画卦台上凝思瞭望，忽见对面山洞里云雾滚滚，有一花斑两翼振动的龙马翻腾，与渺渺渭河中分心石太极图形相映，于是灵机触动，立即在画卦台上画下了代表自然界天、地、雷、风、水、火、山、泽的象形文字八卦。这就是"始画八卦，继有文字"这一说法的由来。卦台山、龙马洞也由此得名。

卦台山突兀雄伟，景致幽美，为古秦州八景之一。它也是一处新石器时代仰韶文化的遗址。该山在天水市北道区，山上有一座伏羲庙。规模更大的伏羲庙在天水市秦城区。天水市甘谷县华盖寺有太昊伏羲宫。天水市秦安县有娲皇庙。天水市清水县有轩辕谷，相传为黄帝出生地。秦州区伏羲庙先天殿有明代伏羲塑像，后天殿还有神农塑像。相传正月十六日为伏羲诞辰。这一天，柏茂槐苍，凝翠吐香；太极殿上素肴素品，宝烛辉煌，袅烟缭绕，馥郁送香；画卦台上，青松碧桧，绿柳红桃，山禽对语，人流如梭；天水市群众扶老携幼，纷至朝拜。

八卦分别表示八个方位——乾南，坤北，震东北，巽西南，坎西，离东，艮西北，兑东南。需要注意的是，古人表示八个方位的方法与现代不同——上南，下北，左东，右西。

八卦分别象征一定的自然现象和人事现象。乾象征天，坤象征地，震象征雷，巽象征风，坎象征水，离象征火，艮象征山，兑象征沼泽。八卦中以天地为"父母"，其余六卦为"六子"，说明世界的生成根源。八卦以乾与坤、震与巽、坎与离、艮与兑之间的相互对待和刚柔互易表示事物的相互转化和发展变化。所谓"天地定位，山泽通气，雷风相薄，水火不相射"说的就是这个意思。可见，八卦是古人对客观事物发展变化的一种理论思考。以往对我国传统文化宣传不够，很多人以为八卦就是算卦先生所说的那一套，实在是很大的误解。

八卦中蕴含着三种周期。内圈表示太阳视运动的年周期。左边都是阳爻，右边都是阴爻。从坤卦顺时针左行，表示冬至一阳初生，起于北方；从乾卦顺时针右行，表示夏至一阴初生，起于南方。《系辞》说的"日月运行，一寒一暑"指的就是这一周期律。八卦的中间一圈指的是太阳视运动的日周期。上边都是阳爻，表示太阳从东方升起，经南天而下垂西方；下边都是阴爻，表示太阳从西方落入地平线后的黑夜。八卦的外圈同时表示月亮视运动的月周期和太阳视运动的年周期。北方（坤卦处）为日月合朔（相会）之处，为每月月终，不见月相，故称"晦"。从晦经上弦到望（十五日，乾卦处），为由阴转阳阶段，故用阴爻表示；从望经下弦到晦，为由阳转阴阶段，故用阳爻表示。古代用土圭测太阳的影子，发现二至二分在东南西北四个位置上。太阳从东（离卦处）到南（乾卦处），即从春分点到夏至点，称上经天运动，用阳爻表示；太阳从西（坎卦处）到北（坤卦处），即从秋分点到冬至点，称下经天运动，用阴爻表示。由此可见，八卦图是古代天文学家用以表示日月地运动形成年月日时间周期的符号。

除先天八卦外，还有后天八卦。先天八卦讲对待，后天八卦讲流行、讲变化、讲应用。图1-5为后天八卦图。在后天八卦图中，八卦对应八个方位——震东，离南，兑西，坎北，坤西南，乾西北，艮东北，巽东南。《说卦传》说："帝出乎震，齐乎巽，相见乎离，致役乎坤，说言乎兑，战乎乾，劳乎坎，成言乎艮。"按《说卦传》，联系方位、四时、五行等，我们可以做如下的解释：

图 1-5　后天八卦图

　　春分时节，天象斗柄（即北斗星的斗柄）指东，天下皆春，万物萌长，五行属木，卦相一阳发动，故曰万物出震。立夏时节，斗柄指东南，万物竞相齐长，卦相阳盛于外，故曰齐乎巽。夏至时节，斗柄指南，天下皆夏，阳气盛大而万物茂盛华实，五行属火；离者，明也，万物皆相见，故曰相见乎离。立秋时节，斗柄指西南，卦相至柔，故曰致役乎坤。秋分时节，斗柄指西，天下皆秋，丰收之时，万物皆悦，故曰说言乎兑，五行属金。立冬时节，斗柄指西北，乾阳居坤阴之上，阴阳相搏，故曰战乎乾。冬至时节，斗柄指北，天下皆冬，坎卦一阳伏于二阴之中，为藏蛰之象，即万物之所归，五行属水；坎象征水，亦称劳卦，故曰劳乎坎。立春时节，斗柄指东北，为一年之始，亦为上一年之终，故曰成言乎艮。由此看来，后天八卦象征八个节气，可以概括大自然的变化。

　　后天八卦又可以与五行联系在一起。木有生长之意，震、巽二木主春；火有炎热之意，离火主夏；金有坚燥清肃之意，乾、兑二金主秋；水有寒冷之意，坎水主冬；土有长养万物之意，坤、艮二土主四季，坤在夏秋之交，艮在冬春之交。

八卦交互搭配便得六十四卦。六十四卦也可以象征一定的自然现象和人事现象。如下面坎上面坤表示"地中有水"，称为"师"卦；又如下面坤上面坎表示"地上有水"，称为"比"卦。六十四卦各有其名，亦各有其意，我们就不一一细说了。

包括二十四节气在内的我国传统历法，不仅是天文问题，而且涉及气象、物候、农业，是名副其实的交叉科学。与此同时，它还和诗词、对联、绘画、邮品、雕塑、建筑、民俗、医学、哲学等结合在一起，成为包罗万象的综合性科学。这也是我国传统文化的魅力所在。它的辉煌向世界展示了中华民族的无穷智慧。我们已经讲过了阴阳、五行、八卦，讲过了节气的自然科学意义，现在谈一谈有关我国传统历法的艺术表现，有关医学和民俗的内容将在后面陆续讲到。

美轮美奂祈年殿

天坛位于北京城的南端，是明清两代皇帝祭天和祈祷五谷丰收的地方。它建于明永乐十八年（1420 年），建筑布局严谨、结构奇特、装饰瑰丽，被认为是我国最精美的建筑群之一。美国奥兰多的迪士尼乐园中，有一个中国馆，就仿造了天坛的祈年殿作为标志。

天坛南有圜丘坛、皇穹宇，北有祈年殿，两组建筑由一座长一百零八丈（约360米）、宽九丈（约29.4米）、南端高1米、北端高3米的丹陛桥连接起来。从它的建筑布局到每一个细部处理，处处强调"天"。人们行进在长长的高出地面的甬道上，环顾四周，首先看到的是广阔的天空和象征天的祈年殿。这条甬道又叫海墁大道。那是因为古人认为到天坛去拜天等于上天，而由人间到天上的路途非常遥远漫长，且步步升高。

祈年殿高38米，是一座鎏金宝顶的三重檐的圆形大殿。殿檐颜色深蓝，用蓝色琉璃瓦砌成，以此象征蓝天。大殿的全部重量都靠二十八根巨大的楠木柱和互相咬合的斗、枋、桷支撑，其力学结构之巧妙可见一斑。更令人称奇的是，这些柱子和横枋都有象征意义。当中四根高19.2米、两个半人才能合抱的"龙井柱"，象征四季；中间十二根柱子象征十二个月；外层十二根柱子象征十二个时辰；中外两层柱子共二十四根，象征二十四节气；整个二十八根柱子象征二十八个星宿。当人们跨出祈年殿的大门，向南望去，只见那笔直的甬道向南伸向远方，一路上门廊重重，越远越小，极目无尽，有一种从天上下来的感觉。一位法国建筑专家游览了天坛之后说，摩天大厦比祈年殿高得多，但却没有祈年殿那种高大深邃的意境，达不到祈年殿的艺术高度。

天坛的另一重要建筑是皇穹宇。它用砖木建成，小于祈年殿，但结构与祈年殿基本相同。远远望去，像一把金顶的蓝伞高撑云空。

天坛还有一座露天建筑是圜丘坛。它是一座三层圆形石坛，每层都有汉白玉栏杆和栏板。其坛面、台阶、栏杆所用石块全是九的倍数。这是象征九重天的意思，而九重天是天帝居住的地方。

这就是中国的传统建筑艺术，这就是与大自然美妙融合的艺术，这就是与科学高度结合的艺术。

图腾雕塑铸文明

在海南三亚亚龙湾国家旅游度假区有一个亚龙湾中心广场，广场中心有一组图腾雕塑群。

图腾是印第安语 Totem 的音译，原意为亲属。原始先民相信本氏族与某种物（包括动物、植物、非生物、自然现象和作为祖先的人）之间存在超自然关系，因此将其加以保护和崇拜，并视之为本民族的标志和保护神，作为民族精神的象征。

中华民族自公元前 3500 年的新石器时代就有了自己的图腾崇拜。这类图腾以动物为主，同时还有自然和神灵。

亚龙湾图腾雕塑群由二十五根向高层空间升腾的巨柱和二十四组由中心向外放射延伸的石阵组成。雕塑群中心为一金属圆柱，圆柱外为四方和八方花岗岩方柱。中心三十米外另有环形等距离的二十四座二十四节气雕塑。

图腾石阵共二十四组，分三圈呈放射状排列。第一圈四组，第二圈八组，第三圈十二组。第一圈、第二圈置于中心图腾柱周围的斜坡之上，第三圈置于二十四节气雕塑外沿。三圈石阵分别雕刻四象、远古神话和远古崇拜图形。石阵伸露出地面，如同大地的脊梁。

二十四节气雕塑高低错落有致，采用优质墨绿花岗岩雕成，应用象征和寓意的手法，表现二十四节气的深刻内涵。

古代把春夏秋冬四季奉为四方神。春天为东方神，名"析"，意为裂开，指春天种子发芽破壳而出。夏天为南方神，名"夹"，指夏天草木着荚，生长茂盛。秋天为西方神，名"彝"，意为杀，指秋风肃杀，草木凋零。冬天为北方神，名"伏"，指冬天万物蛰伏。二十四节气雕塑环柱按春夏秋冬四季、东南西北四方等距安放。

按照有关介绍材料的说明，这一、四、八、十二、二十四的安排都有象征意义。其中一象征日晷意象，四象征四象，二十四象征二十四节气。我们认为，这种象征意义还可加以扩展。比如说一象征太阳，也象征日晷意象；四象征四象，也象征四季；八象征东、西、南、北、东北、东南、西北、西南八个方位，也象征八卦；十二象征十二个月，也象征十二个时辰；二十四象征二十四节气，也象征二十四小时。当然，这也许并非设计者的初衷。

另外，在辽宁大连有一个星海广场。广场中心仿效天坛圜丘，由九百九十九块四川红大理石铺就。大理石上雕刻着天干地支、二十四节气和十二生肖。

2009年10月，在北京南护城河边永定门东街一带，建成了二十四节气公园，竖起了反映农历节气传说和歌谣的二十四根六米高的汉白玉圆柱。据了解，公园的灵感来源于祈年殿内中层和外层相加共计二十四根象征农历节气的柱子。二十四节气柱分为四组，每组六根，分别代表春夏秋冬四季。节气柱上雕刻着精美的二十四番花信风图案；柱子顶端的花球是二十四节气的物候花，代表每个节气的花种；每根节气柱上均刻有该节气的介绍和歌谣，雕刻着代表节气特点的图案。

历史上的中国是一个农业国家，

创造性地通过二十四节气来解决记录时间、指导农事的问题。

二十四节气就像各具特色的二十四个人，

有着风格迥异的名字、相貌、性格和经历，

看到它们，人们就会联想到当时的寒暑往来、

四季变迁和农事生产、风俗礼仪。

下面我们就给每个节气一一画幅像，

好让读者对它们有更全面深入的了解。

每幅画像主要有星象物候篇、天气篇、农时篇、养生篇四个部分，

在重大的节令，还会另有礼仪篇或者节日篇。

第二章

节气画像

第一节

立春

BEGINNING OF SPRING

春到人间草木知
[星象物候篇]

立春是二十四节气之首，是一个反映季节和物候的节令。

立春一般在公历2月4日或5日。立春之日，太阳位于黄经315度。这天晚七点，仰望星空，北斗七星的斗柄正指向东北，即方位角45度处，古人称为"艮"的方向。

"立"表示开始，"春"表示季节。所以，立春是春季开始的意思。《月令七十二候解》说："立，始建也……春夏秋冬同。"这一句话把立春、立夏、立秋、立冬四个节气的意义全解释清楚了。

俗话说，春打六九头。冬至开始入九，五个九共四十五天，因而立春时正好六九开始。所谓"几时霜降几时冬，四十五天就打春"。当然，有的年份五九最后一天就立春了，那就是"春打五九尾"了。这是因为节气的开始时间准确到几点几分，因此立春有时看起来和冬至就只隔四十四天了。

南宋张栻《立春偶成》诗云："律回岁晚冰霜少，春到人间草木知。"草木生长于土壤之中，立春后温度开始上升，隆冬景象逐渐消退，越冬作物开始返青，春色慢慢来临了。分布区域广、不怕风沙、不嫌低洼、抽青又特别早的杨柳，就成了春天到来的标志。于是，到处是"嫩如金色软如丝"的垂柳芽苞，出现了"春风杨柳万千条"的景象。

古人有诗曰"柳无春光不精神，春无柳色减三分""春风一夜吹杨柳，十万嫩枝着绿绦"。甲骨文的"春"字就是太阳和草的形象的组合，

"春"含有这个意思。

立春的十五天分为三候：初候东风解冻，二候蛰虫始振，三候鱼陟负冰。

初候，东南风吹来，气候转暖，冰雪开始融化。二候，蛰伏的虫开始精神振作，蠢蠢欲动。按古人的解释，"春"和"蠢"有相同的意思。"陟"是上升的意思。三候时，天暖了，潜伏在水底的鱼儿开始向上游动，接触到水面的冰凌。由此可见，这三候的物候现象都说明，立春后天气转暖，春回大地。

白居易有诗曰："离离原上草，一岁一枯荣。野火烧不尽，春风吹又生。"这里的春风指的就是较暖湿的偏南风和偏东风。到立春时，偏南风和偏东风比 1 月时显著增加。春风吹来，野草开始萌动，土壤开始解冻。资料显示，山东菏泽 10 厘米深土层开始解冻的平均日期是 2 月 1 日，陕西西安是 2 月 2 日，山东济南是 2 月 9 日，都与立春的日期接近。这说明"东风解冻"反映的是黄河中下游的气候特点。

春姑经常不守时
［天气篇］

立春之后，春季是否就开始了呢？气候学中的春天是指候（一候为五天）平均温度在 10~22℃之间的时段。实际上，我国大多数地方的春姑娘在立春时还没有"睡醒"，总会迟到。

黄河流域的候平均温度在立春时还远未达到气候学规定的温度范围的下限，人们感觉还很冷。所谓"春寒料峭"，说的就是这个意思，也就是"立春不见春"。以山西省为例，南部的运城在3月下旬候平均温度才达到10℃以上，中部的太原要到4月中旬，而北部的大同则是4月下旬。

一般来说，长江流域多于清明前入春，但"春风又绿江南岸"的时间不同。上游四川盆地2月下旬春始，中游武汉3月中旬入春，下游上海3月下旬春风方临。西北大地3月中旬入春，4月底夏天就急匆匆地来到。华北地区4月中旬春到人间。东北大部要到4月中下旬才入春，最北部的黑龙江5月中旬春天才姗姗来迟。海拔4000米以上的青藏高原，长冬无夏，春秋相连，5月上旬飞雪迎春。华南大地长夏无冬，秋春相随，最冷的1月中旬可视为冬尽春始。青藏高原东南坡的云南，隆冬不寒，盛夏不热，常年日平均温度徘徊在10~22℃之间，四季鲜花盛开，可谓四季如春，因而昆明获得了"春城"的美誉。

是不是立春以后就一定是春风和煦、春回大地了呢？也不全是。

首先，立春只是表示天气开始转暖，并不是说就已经很暖和了。以华北地区为例，此时北方来的冷空气仍然扮演主要角色，因而时冷时暖，夜冷日暖。一两天内，气温可以相差20℃以上。一天内，最高温度和最低温度也可以相差10~15℃。初春阶段气候多变，形成"早春孩儿面，一日两三变"的局面。各人身体抵抗力不同，穿衣习惯也各异，结果就是"春日乱穿衣"了。有条谚语说"打春莫欢喜，还有四十天的冷天气"，就是告诫那些一到立春就以为冬去春来的人，不要高兴得太早了。

"春风又绿江南岸"。当长城内外的北国还是春寒料峭的时候，江南早已是阳光明媚、春意盎然。大地草木苍翠，山花斗艳，蜜蜂盘旋花间。祖国如此之大，各地的春天不可能一起来临。唐代诗人王之涣在《出塞》中写道："羌笛何须怨杨柳，春风不度玉门关。"可见玉门关外的春天来得是很晚的。

立春后天气开始转暖，这只是正常的气候状态。要是不正常呢？那就天气相当冷，根本没有春天到来的感觉，这就叫"倒春寒"。如果这样，就"三九不冷六九冷"了。倒春寒是否一定不好？不一定。谚语说得好——"正月十五雪打灯，今年定是好收成""五九六九雪一场，夏天多打几石粮"。

立春后天气的另一个特点就是多风。立春时，我国北方部分地区还受着欧亚大陆寒冷干燥气流的影响，加上一冬少雪，土壤表面干燥，沙土极易被风扬起，常出现黄尘扑面、寒冷依旧的情况。李白有诗句"一阵风来一阵沙，只见行人不见家""春风吹破琉璃瓦"，可见春天的风有多大。前些年使人们谈之色变的沙尘暴，也多发生在春天。好在经过这些年对风沙的治理，沙尘暴已显著减少。

祖国幅员辽阔，形成了多姿多态的春天：华北春光多丽日，西北沙暴满天飞，西南四川盆地云雾天不开，江南春雨常淋漓，高原飞雪迎春到，华南风雨送春归……

一年之计在于春
[农时篇]

俗话说："一年之计在于春。"立春后，小麦等秋播作物即将返青，这时要及时顶凌耙麦。所谓"顶凌"，是说此时地里还有冰凌，耙麦是顶着冰凌干的。顶凌耙麦，能够破除土壤表层的板结，粉碎坷垃，疏松土壤，弥补裂缝，切断土壤毛细管，减少土壤水分蒸发，起到保墒作用。这对盐碱地特别重要。同时，它还有利于小麦的新蘖和根的生长和返青，减少病虫害发生，防止倒伏。

专家说，当平均气温上升到1~2℃时，适宜顶凌耙麦。所以，不能盲目地一过立春就操起耙子往地里跑，还得留意当年的天气情况，听听气象专家的意见。谚语说："宁舍一锭金，不舍一年春。"春季是深翻、施基肥、兴修水利、平整土地、给作物准备苗床的大好时机。

祖国幅员辽阔，南北温差大，因此立春后的农事活动不能一刀切。东北地区是顶凌耙地，送肥积肥，牲畜防疫，进行农田基本建设。华北地区是做春耕准备，耙麦，积肥送肥，兴修水利。西北地区是春小麦整地施肥，冬小麦防止禽畜为害。西南地区是耕翻早稻秧田和板田、板土，选种晒种，播种马铃薯，夏收作物田间管理。华中地区是准备春耕，麦地横耙，保墒防旱，麦田清沟，油菜追肥、排水，中耕锄草，防治蚜虫，剪除茶园枯枝败叶。华南地区是冬闲田灌水耙沤，冬薯培土追肥，播种早玉米，冬麦防治黏虫，种植春蔗。

科学春捂迎春到
[养生篇]

春天慢慢来了，但天气仍然乍寒乍暖。此时人体毛孔张开，对寒邪的抵抗力有所减弱。生活在北方的人们不宜立刻脱去棉服，年老体弱者更要谨慎，还是以"春捂"为好。但捂要捂得科学。《千金要方》主张春季衣着宜"下厚上薄"。《老老恒言》说："春冻半泮，下体宁过于暖，上体无妨略减。"除了衣着之外，还需注意松缓衣带，舒展形体，早睡早起，多参加户外活动，以克服倦懒思眠，使自己像春天的大自然一样，生机勃勃，精神焕发。

春天要重视饮食调节。宜食辛甘发散之品，不宜食酸性收敛之味。具有发散作用的食品有：大枣、豆豉、葱、香菜、花生等。推荐菜肴有：补肝肾、益精血、乌发明目的首乌肝片，补肾阳、固肾气、通乳汁的虾仁韭菜。

除了调养以外，还要注意防病保健。初春天气由寒转暖，各种致病的细菌和病毒随之生长繁殖。流感、流脑、麻疹、湿疹、鼻炎、痔疮、猩红热和肺炎容易发生和流行。为避免疾病发生，要注意消灭传染源，经常开窗换气，加强身体锻炼，提高机体抵抗力。

—————————— ◗ ——————————

立春东郊祭伏羲
[礼仪篇]

西汉时，阴阳五行的观念已经非常流行，并且已经渗透到政治和生活之中，立春的礼仪和民俗就是一例。

迎　春

早在春秋时期，立春就作为一个节气出现了。在先秦文献中已有关于迎春礼的描述。到东汉时正式产生了迎春的礼俗和民间的饮食和服饰习俗。在唐宋时期，这些礼俗和习俗都发生了显著的变化。明清两代是立春文化的鼎盛时期。辛亥革命以后，立春的官方礼俗骤然消亡，而民间的习俗也逐渐式微。现在，立春只作为一个节气而存在，相应的民间习俗只在一定程度上保留着，或者说通过春节的喜庆延续着。因此，我们在这里讲的关于立春的礼俗和民俗对许多人来说可能是相当陌生了。

按五行学说，凡是有生发疏达功能的事物，都归之为木性。因而春季归之于木，并形成与木性相应的迎春礼仪。《后汉书》中记载：

迎时气，五郊之兆……中兆在未，坛皆三尺，阶无等。

立春之日，迎于东郊，祭青帝、句芒，车旗服饰皆青，歌《青阳》，八佾舞《云翘》之舞。

意思就是，立春这天，在京都洛阳离城八里的东郊，设三尺高的坛，祭祀青帝和句芒，演唱名为《青阳》的乐曲，跳名为《云翘》的舞蹈。"佾"是排列的意思，八佾就是八行八列六十四人共舞。祭祀用的车马皆饰青色，祭祀者都着青衣，戴青色头巾。青色在迎春礼仪中象征春天。相应的神明叫青帝，青帝就是太昊，亦即我国的人文始祖伏羲。句芒为春神、木神、东方之神，他人面鸟身，乘两龙，是青帝的助手，因而有幸与青帝同享祭祀。祭祀用的乐曲《青阳》与春天的颜色相联系，也是象征春天的。古人认为春夏属于阳，秋冬属于阴。舞蹈《云翘》属于阳，就用于迎春。

中国古人用五行来说明世界万物的起源和性质，把阴阳五行、春夏秋冬和不同的颜色及方位联系在一起。因而迎春礼在城市东郊举行，青色成为主色调。如果去北京中山公园游览，一定要去看看社稷坛，那里的五色土也是按此设置的：东方青土，南方红土，中央黄土，西方白土，北方黑土。

在东汉时，常有一身穿青衣的男性少年居于礼仪的中心。古人认为，春天为阳，男性为阳，因而有这样的安排。

当时还有一个习俗是"施土牛、耕人于门外"。就是在立春之日，用泥土塑一牛和一耕田之人，立于东门外，牛与人均象征着春天的青色。那时中国是发达的农业社会，立春"施土牛、耕人"，就是提醒人们春天到了，该耕地了。土牛和耕人要一直保留到立夏。

唐代迎春礼又有发展。迎春队伍庞大，阵容整齐。皇帝通过迎春礼仪明王道、昭国体，显示皇权至上、国家富强。此时耕人已演变为策牛人。策牛人和牛的相对位置非常讲究。《兼明书》中说：

> 立春在十二月望，即策牛人近前，示其农早也；立春在十二月晦及正月朔，则策牛人当中，示其农中也；立春在正月望，策牛人在后，示其农晚也。

立春日期在阴历不固定，早则十二月望日（十五日）即立春，一般在十二月晦日（最后一天）和正月朔日（初一）前后，晚则到正月十五。古人以策牛人的位置表示当年立春日期在农历日期的早晚，是要提示人们注意掌握农耕的时间，不要误了农时。不过，立春属于阳历，与气候关系比阴历更为密切。应该说，立春前后，就是适宜春耕的时间，当然还要看当年的实际天气情况，特别是温度的高低。所以说，立春在十二月望时，从农历看时日尚早，但人们切不可以掉以轻心，陶醉于快要过年的欢乐中而耽误了春耕。如果立春在正月十五前后，春耕正当时呢！

到了唐代，土牛的颜色已经不限于青色而是色彩斑斓了。同样，土牛也不限于东门外，而是四门外都有。当然，颜色也不能各行其是，仍然要遵从东青、南赤、西白、北黑的祖训。

立春时人们要祭祀春神。官方在城东行迎春礼。民间则设一香案，朝东礼拜，谓之"迎春接福"，有的地方也叫"接春"。立春后，就要春耕了，于是在立春时还要祭祀一下土地爷，希望他给人们带来丰收。

立春时，还要祭祖。祖先和活人一样，也享受春宴，吃春饼，吃五辛盘。

还有一些习俗也很有意思。比如浙江临海县志说："民家焚樟木屑于炉谓之'接春'。"有人形象地把它叫作"烧春"。而在杭州，则是焚烧松材。古人认为这样做可以"助阳气，除阴邪"。我们何不把它看成是一种定期消毒呢？

鞭 春

还有一个立春礼俗叫鞭春。在向皇帝进奉春山宝座、芒神、土牛和春牛图，完成所谓"进春"仪式之后，就回到顺天府官署将土牛打碎，谓之"鞭春"。由于是鞭打土牛，因而这个礼俗也叫"打春"。这样一来，民间就干脆也把立春节气叫"打春"了。

还有一种用于鞭春的物品是春杖。它是用细竹苇做胎，用黄纸包裹，彩色丝线缠绕而成的。鞭春时，衙役用春杖戳破纸扎的春牛，牛肚中的五谷杂粮，花生、柿饼、栗子、核桃等干果，还有小春牛，纷纷落下。

将土牛打碎后，民间流行把碎土抢回家中。如果是纸糊的牛，就抢牛纸、抢干果之类，认为这样可以带来丰收、带来吉祥。卢肇有诗曰"不得职田饥欲死，儿侬何事打春牛。"

牛土带回家后，人们争相把土涂到灶头、牲畜槽和墙上，或用牛纸糊成盛粮食的器具，或把牛土置于牲畜圈、蚕室和床下。人们认为这样可以带来吉祥，驱走邪气，而且可以保丰收。

送 春

鞭春之后，就是"送春"。

地方政府给乡绅送小芒神和小春牛，有的地方还送给衙门。这些作为礼品的芒神和春牛，或用泥塑，或用纸绘，小巧玲珑，精致可爱，还常以盘或以亭装饰。小芒神和小春牛只送给乡绅和衙门，老百姓没人送，怎么办呢？"人盼幸福树望春"，官是这样，民亦如此。没人送就自己做。于是有人制作了小芒神和小春牛，置之于市，供老百姓购买。这样一来，优秀的作品世代相传。

有些地方，还在土牛身上撒豆、撒米、撒芝麻。这些习俗，有希望借此防止儿童出水痘、麻疹的寄托，也有祈望五谷丰登的含义。

同时，立春还给人们提供了一个娱乐的机会。大家在立春前后大演戏剧和歌舞，尽情欢乐。

占 春

好收成离不开好天气。古时人们在立春时用占卜的方法预测天气，称为"占春"。占春时芒神的穿戴、芒神和土牛的相对位置，表示当年的气候状况，要事先确定。土牛全身充满象征意义。身高四尺，象征春夏秋冬四季；身长八尺，象征四立、四至八个节气；尾长一尺二寸，象征十二月。牛头的颜色与这一年的干支中的"干"相配，牛身的颜色则与"支"相配。肚子的颜色与当年的五行相配。牛角、耳朵和尾巴的颜色与立春这一天干支中的"干"相配，腿的颜色与"支"相配。蹄子的颜色与立春当日的五行相配。牛的嘴是开是合、尾巴朝左还是朝右取决于这一年的阴阳。芒神也有相应的象征意义。芒神长三尺六寸五分，象征三百六十五天；鞭长二尺四寸，象征二十四节气。立春在年关后五日以外，芒神立于牛后；立春在年关前五日以外，芒神立于牛前；立春在年关前后五日以内，芒神与牛并立。您看，土牛和芒神一出现，人们就能知道如此多的天文和气象信息了。

人们进一步把土牛和芒神的能耐加大，用它们的衣着发布天气预报，表示水旱和年景。

这些预报是怎么做出来的呢？

干支可用来记年月日时。每年立春那天的干支不同，古人便把它用来做气象预报。比如说，甲子日立春，高乡丰稔，水过岸一尺，春雨为钱，夏雨调匀，秋雨连绵，冬雨高悬；乙丑日立春，低处稔熟，水悬岸一尺一寸，春雨虽匀，夏雨无晴，秋雨如金，冬雨沉沉。这种用干支预测气象的方法，当然缺少科学依据，但它也可以看成是古人总结的看天经验。

人们还进一步把立春与气象的关系编成谚语。有谚语说："立春日占，先天与后天，何须问神仙，但看立春日，甲乙是丰年，丙丁多主旱，戊己损田园，庚辛人马动，壬癸水连天。"这条谚语把天气看成自然现象，说预报天气不用问神仙，无疑是具有进步意义的。甲乙丙丁等天干以十为周期，立春与单个天干相遇的机会为十分之一，因此可以说它是用十年周期做预报的。具体的水旱丰歉由当年在十年周期中的位置决定。这看来是古人长期看天的经验之谈。现代天气预报中有一种用太阳活动十一年周期做预报的方法，其具体的水旱也由当年在十一年周期中的位置决定。可以说两者有异曲同工之妙。

还有谚语"立春天气晴，今年五谷丰"，又有"立春晴天，夏季多雨""立春北风起，早春必有雨""立春刮北风，今年好收成""春寒多雨水，春暖百花香""立春微雨兆丰年""立春以晴为上，有雪主夏秋旱，西北风主米贵，东南风主旱""立春东风草木角口回，南风主有虫灾盛，西风主大收田禾，北风主刀兵春冷"。这些谚语说的主要是立春时的阴晴雨雪和冷暖，还提到了风，认为它对一年的水旱灾害有预示作用。现在我们可以把它解释成立春时的冷空气活动强度和干湿对当年的旱涝有预报意义。这种思路在现代天气预报中仍在应用，当然，我们现在是经过资料分析来做预报的，时段也不限于立春一天。可以说，谚语对我们现代人进行天气预报有启发意义。事实上，有些气象台也从研究谚语出发做预报。

应用谚语做预报准不准？如果直接用资料来验证谚语，有时准，有时不准。不过，那些长期普遍流传的谚语是有一定准确性的。有谚语说"八月十五云遮月，正月十五雪打灯"。八月十五到次年正月十五相距一百五十天左右。现代气象学中有所谓"韵律"一说，说的是某些特定日期与后面一定时间间隔的日期之间的天气情况有一定的关系。资料证明有时有一百五十天的韵律存在。至于应用谚语做预报有时不准更是不必责备的事。现代大气科学，有严格的数学物理规律，有高精尖的观测仪器和卫星，有先进的计算工具，尚且难以次次预报准确，有时甚至很不准，我们有什么理由责备谚语不灵呢？

咬 春

民间在立春时的饮食也很有讲究。比如，人们生吃水红萝卜，谓之"咬春"。

萝卜古时叫芦菔。苏东坡的诗中说："秋来霜露满东园，芦菔生儿芥有孙。"清代吴其濬著有《植物名实图考》，将芦菔"以蔓箐同为羹，固可胜酥酪，至槌根烂煮，研米为糁，宽胸助胃，不必以味胜矣"，这里说到了萝卜粥有理气助消化的功能。李时珍对萝卜更是赞誉有加，认为它"根叶皆可生，可熟，可酱，可豉，可醋，可糖，可腊，可饭，乃蔬中之最有利益者"。您看，李时珍开出了一串萝卜的食谱。而且，萝卜还有很大的药用价值，它可去痰、通气、止咳，甚至解酒、解毒、补脾胃、御风寒。由此可见，吃萝卜表面看来仅是一种风俗，实际上它是古人关于营养、健身、祛病的经验之谈。

北方吃萝卜，南方吃生菜，异曲同工。

同时，在立春时，还有春宴用的春盘。春盘有专用萝卜做的，也有用五种辛辣蔬菜做的五辛盘。五辛的一种解释是葱、蒜、椒、姜、芥。实际上，食五辛不仅可以驱寒，还可以杀菌，也是古人的养生健身之道。

立春时，春盘是副食。主食吃什么呢？那就是春饼。春饼用小麦面制作，烙制而成。单吃面饼不够味，于是人们又有了面饼加火腿肉、鸡肉、菜心等，北京还特别讲究在立春这天吃用面饼卷上豆芽、韭菜炒肉丝做成的春饼。而辅以柿饼、黑枣、胡桃仁、糖、豆沙，做成馅，用油炸透，就成了春卷。这些春饼、春卷味美可口，很受人们喜爱。

办春宴，除了主食、副食以外，必须要有酒，这就是春酒。喝酒能烘托喜庆气氛。有时人们吃得十分尽兴，往往相互拜访、宴请，一下就吃到元宵节了。

春 花

立春时的穿着也是有讲究的。官方迎春穿青衣，戴青色头巾。清代官员要穿吉服或者朝服。老百姓穿什么呢？那就花样繁多了。

青年妇女头戴彩花，称为春花。孩子则除了穿花衣以外还要放炮。儿歌说"新年到，新年到，闺女要花儿要炮"。除春花外，还有春燕、春蝶和春蛾，这些纸做的饰物都一起上了少女的头。燕子是春天的象征，也是吉祥的象征。如果谁家有燕子来做窝，不仅象征吉祥，而且还象征多子多福。古时，人们把多子多福看成是门第兴旺的表现。

孩子不光放鞭炮，也得穿戴点什么，于是布做的春鸡和春娃就上了孩子的帽子和衣服。"鸡"与"吉"谐音，因而也是吉祥如意的意思。迎春礼中的春杖也被妇女微缩后戴在头上。古时真正的春杖是官方鞭春用的，没有老百姓的份儿。百姓便把微缩的春杖戴在头上，就算是重在参与了。朝廷迎春时旗帜为青色，老百姓也就把青色的小旗戴在头上。

人在立春时要打扮，房屋也不能亏待了。于是有人写了"宜春"二字，贴于房门之上。再发展一下，"春"字、"福"字、"寿"字也都上了门。直到现在，春节期间仍然"福"字到处都是，还要倒贴，告诉人们"福到了"。

人打扮了，房屋打扮了，牛也跟着打扮起来，于是马也沾了光。牛角、马耳上有了红布，或者用红绿色搽牛角。古人认为，红色不仅象征吉祥，而且可以驱邪避灾。

新年伊始庆春节
[节日篇]

前面我们曾说，现在立春只作为一个节气而存在，相应的民间习俗只在一定程度上通过春节的喜庆延续着。

但春节本身仍然是一个单独的节日，有必要专门说一说。

春节的由来，一说源于古代社会的"腊祭"，即一年农事完毕，为报答上天神祇的恩赐而举行；另一说法为尧舜时代始有此习俗。

正月初一早上，第一件事就是给长辈拜年。此后就是走访亲友，相互拜年。早上的第一顿饭有很多寓意。吃糕谐高，吃枣谐早，喝杏茶谐幸福，吃柿子谐事事如意，吃鱼谐有余，吃圆饼谐团圆，吃宽豆面面条谐宽心无忧。吃饺子谐更岁交子，就是进入子时、新的一年到了的意思。人们在"交"字的左边添个"食"旁，就成了"饺"字，饺子也就由此命名了。

春节来到，家家门上贴上春联。古代还有贴门神的习俗。同时，以年画、爆竹、剪纸等为新春添喜。传说远古时代有一种叫作"年"的怪兽，无比凶残，每至年末即外出吞噬人畜，毁坏田园。于是人们在它出来时，聚众燃火，投入竹子，使其爆裂发生巨大的声响，将"年"驱走。这就是爆竹的由来。

春节是我国一年中最重要的节日。现代社会，人们平时为了谋求发展奔走四方，但到了春节还是要回到家里团聚，享受天伦之乐。

第二节

雨水

RAIN WATER

初春好雨知时节

[星象物候篇]

　　雨水节气一般在公历 2 月 19 日或 20 日。雨水之日，太阳位于黄经 330 度，入黄道十二宫的双鱼宫。这天晚七点，仰望星空，北斗七星的斗柄正指向东北偏东的方向，即 60 度处，古人称为"寅"的方向。

　　按农历的安排，一月为建寅之月，寅是演化的意思。雨水之后，植物开始生长，充满生机，自然界衍生出万物。韩愈在《早春呈水部张十八员外》中写道："天街小雨润如酥，草色遥看近却无。"雨水属于中气，必在一月。一月亦称正月。正月的消息卦是泰卦，三个阴爻在上，三个阳爻在下，表示阳气已经上升到与阴气势均力敌的程度。

　　雨水节气的名字就表示了它是一个反映降水的节气。"东风解冻，冰雪皆散而为水，化而为雨，故名雨水"。雨指的是降落到地面上的水。雨水节气到来，表示下雪的季节基本过去，开始进入降雨的季节，雨量也逐渐增加。

　　雨水的十五天分为三候：初候獭祭鱼，二候候雁北，三候草木萌动。

　　初候河水解冻，水獭下河捕捉到鱼以后，摆放在一起，就像陈列祭品一样。现在由于生态环境的变化，我们已经很难看到这种景象了，只能以开始降雨作为初候的标志。二候时，鸿雁由南方飞向北方。三候时，草木萌发出新芽。古人认为，从这一候就该开始耕作了。"七九河开，八九雁来"。雨水节气正是七九、八九之际，冰河消融，候鸟北飞，大地充满生机。如果这时候遭遇寒潮，就会出现"七九河开河不开，八九雁来雁不来"的情景。

在"二十四番花信风"中，雨水节气分为三候：一候菜花，二候杏花，三候李花。

———————— 🌢 ————————

雨水花样有很多
[天气篇]

现在我们再来说一说雨。雨的花样很多。广义来讲，雨可分为阵雨、毛毛雨、雪和冰雹等。大气科学中所说的"雨"，指强度变化缓慢的滴状液态降水。

阵雨开始和停止都较突然，强度变化又大。阵雨是由降雨性质而不是由雨量决定的。阵雨常伴有雷暴、冰雹和气象要素（例如温度、湿度、风力）的显著变化。

毛毛雨是稠密、细小而十分均匀的液态降水。

雪是白色不透明的冰晶（称为雪晶）和其聚合物（称为雪团或雪花）组成的降水。在不太冷的天气里，雪晶常聚合成团，状如棉絮，叫作雪花。在气温高于 0℃时，雪晶和雪花开始融化。半融化的叫湿雪，全融化的变为雨。雨和雪同时下落的叫雨夹雪。雪和雨一样，也有阵性的，叫阵雪，当然还有阵性雨夹雪。

冰雹是坚硬的球状、锥状或形状不规则的固态降水。

雨量的单位为毫米，表示雨水在地面上聚集的深度。降雪量和降水量一样，以毫米为单位，是用雪融化成雨之后的深度来量的。

从雨量讲，雨可分为小雨、中雨、大雨和暴雨。大气科学规定，24小时降水少于 5 毫米为小雨，5.0~24.9 毫米为中雨，25.0~49.9 毫米为大雨，超过 50 毫米为暴雨，超过 100 毫米为大暴雨，超过 200 毫米为特大暴雨。

好雨润物细无声
［农时篇］

一场春雨一场暖。雨水过后，天气就慢慢暖起来了。雨水之前天气寒冷，雨水之后气温一般可升到 0℃ 以上。

0℃ 是农业气象学划分冬季的温度界限。高于 0℃，冬小麦开始返青，早春作物开始播种。河套平原，这时日平均气温刚刚达到 0℃，是顶凌播种春小麦的大忙季节。

唐朝诗人杜甫诗曰："好雨知时节，当春乃发生。随风潜入夜，润物细无声。"适时的雨水对庄稼的生长极为重要，其中又以春雨为最。雨水之后，小麦开始返青，随后油菜抽薹开花，迫切需要水分。而华北地区春天向来雨水少，降水量只有全年的 10%，春旱是家常便饭。因此，有俗语"春雨贵如油""苦不过秋霜，肥不过春雨""立春天渐暖，雨水送肥忙"。雨水节气正是小麦管理、大麦备耕的关键时期，需要适时浇好小麦返青的起身水。

雨水节气是个多风的季节。谚语就有"雨水风多""东风下雨西风晴"的说法。

随着雨水季节到来，空气变得湿润起来，早上常会有霜出现。谚语说"春霜圪梁秋霜凹""霜打高山，雪打平地"。雨水后土壤温度升高，低凹地较少寒气。湿空气上升，就在山梁上结成霜。

调养脾胃求平衡
[养生篇]

雨水节气要注意调养脾胃。春季万物生发，在扶助阳气的同时，要避免伤及脾胃。脾胃协调，可促进和调节机体新陈代谢，保证生命活动的协调平衡，提高免疫力，防老抗衰。

春季气候转暖，然而又风多物燥，常会出现皮肤、口、舌干燥，嘴唇干裂。此时应多吃新鲜蔬菜和水果，以补充人体水分。宜少食油腻之物，以免伤脾。唐代养生学家孙思邈在《千金方》中说："春七十二日，省酸增甘，以养脾气。"说的就是在春季要少吃酸味，多吃甜味，以养脾脏。可选择韭菜、香椿、百合、豌豆苗、茼蒿、荠菜、春笋、山药、藕、芋头、萝卜、荸荠、甘蔗等。春季还宜多喝粥，如地黄粥、防风粥和紫苏粥等。为养脾胃，要少吃生冷、黏杂食物。

春季要起居有常，劳逸结合。

正月十五团圆夜
[节日篇]

雨水节气所在的正月有一个重要的节日，即正月十五上元节。上元节也叫元宵节，现在元宵节的称呼非常普遍，好多人已经不知道上元节这个叫法了。上元节的意思是一元复始、大地回春后的第一个月圆之夜，所以也叫元夜。元宵节的习俗始于汉朝。据说，汉高祖刘邦死后，吕后篡权。吕后死后，周勃、陈平等人扫除吕氏宗族，拥刘恒（即汉文帝）为主。因为扫除吕氏之日正是正月十五，所以每到这天晚上，文帝就微服出宫，与民同乐，以示纪念。古代夜同宵，正月又称元月，汉文帝就将正月十五定为元宵节。

过元宵节要吃元宵。南方也把元宵叫汤圆、水圆、糖圆。所有这些名称，都有团圆的寓意。

人们吃了元宵后就去观灯，所以元宵节也叫花灯节。宋朝时朝廷规定，凡到京城观灯者赐酒一杯，于是出现了"游人集御街两廊下，奇术异能，歌舞百戏，鳞鳞相切，乐音喧杂十余里"的盛况。

宋朝词人辛弃疾在《青玉岸·元夕》中写道：

东风夜放花千树。更吹落，星如雨。宝马雕车香满路。凤箫声动，玉壶光转，一夜鱼龙舞。

蛾儿雪柳黄金缕。笑语盈盈暗香去。众里寻他千百度。蓦然回首，那人却在，灯火阑珊处。

北宋的欧阳修作有《生查子·元夕》：

去年元夜时，花市灯如昼。月上柳梢头，人约黄昏后。
今年元夜时，月与灯依旧。不见去年人，泪湿春衫袖。

这都是描写元宵节灯会的盛况。

现在，元宵节灯的形式很多，有人物灯，如嫦娥奔月；有动物灯，如龙灯、鱼灯；有植物灯，如西瓜灯、莲花灯；有交通工具灯，如飞机灯；也有不停旋转的走马灯；还有仿照古代文物的灯亭、灯塔等。

有灯就伴随着灯谜、灯诗，这为人们的赏灯活动增添了很多文化情趣。《红楼梦》描写贾元春回荣国府省亲，适逢正月十五上元节，贾家于是用无数花灯把大观园装饰得流光溢彩，也体现了元宵赏灯的风俗：

> ……只见清流一带，势若游龙，两边石栏上，皆系水晶玻璃各色风灯，点的如银光雪浪；上面柳杏诸树，虽无花叶，却用各色绸绫纸绢及通草为花，粘于枝上，每一株悬灯万盏；更兼池中荷荇凫鹭诸灯，亦皆系螺蚌羽毛做就的，上下争辉，水天焕彩，真是玻璃世界，珠宝乾坤……

近年来，伴随着经济发展和技术进步，出现了使用电能的各种彩灯。一些大城市凡遇重大节日皆亮灯，在元宵节还有各种灯会，其规模之大、样式之多，均远超古代。

少数民族地区元宵节另有特点。满族人喜欢冰灯、冰雕、雪塑。现在冰灯、冰雕已经普及到北方各省了。藏族过花灯节时，各寺庙张灯结彩，街道上搭起陈列酥油花的花架。仡佬族正月十五还要到新坟上亮灯上酒。纳西族正月十五要办农具会，又称"棒棒会"。

第三节

惊蛰

AWAKENING OF INSECTS

土暖动物跑出洞

[星象物候篇]

惊蛰节气一般在公历 3 月 5 日或 6 日。惊蛰之日，太阳位于黄经 345 度。这天晚七点，仰望星空，北斗七星的斗柄正指向东偏北的方向，即 75 度处，古人称为"甲"的方向。

惊蛰节气原来叫"启蛰"。西汉初期淮南王刘安编著《淮南子》时，为了避讳汉景帝刘启的名字，将"启蛰"改成了"惊蛰"。

惊蛰意为春雷乍动，惊醒了蛰伏在土中冬眠的动物。"蛰"是藏的意思，"惊"有刺激的意思。动物钻到土里冬眠叫入蛰。第二年大地回春后再钻出土来活动。古人认为，动物是因听到春雷的响声而受到震惊，苏醒以后出土活动，所以叫作"惊蛰"。

其实，真正使冬眠动物苏醒出土的，并不是隆隆的雷声，而是土壤温度的回升。据专家测量，在黄河中下游地区，蛰伏在地下的冬眠动物出土活动的温度是 5℃，而土壤温度升到 5℃ 时，就在惊蛰节气这段时间。由此看来，还是用"启蛰"这个名字更合适些，因为启字有开始的意思。不过"惊蛰"一名已经用了两千多年，再改回"启蛰"也难了。

春季，土壤的下层由于地气上升而向上融化，地表由于气温上升而向下融化，到惊蛰时正好两头一凑，上下融化贯通。所以，就有"惊蛰断凌丝""惊蛰地门开""惊蛰地气通""过了惊蛰无硬地"这样的说法。

惊蛰时，经过立春以来两个节气三十天的温度积累，终于地门开，地气通，蛰虫纷纷出土活动了。

惊蛰的十五天分为三候：初候桃始华，二候仓庚鸣，三候鹰化为鸠。

初候桃树开始恢复生机，桃花盛开，桃李争春。满世界的桃花告诉人们真正的春天到了。人们经过漫长冬季的憋闷，一下子获得了解放，精神为之一振，纷纷外出踏青游玩，热闹的桃花给大家带来了无尽的快乐。仓庚就是黄鹂，二候时，黄鹂就开始唱歌了。三候时，人们抬头望去，鹰不见了，斑鸠却成群飞来了。

在"二十四番花信风"中，惊蛰节气分为三候：一候桃花，二候棣棠花，三候蔷薇花。

还有春寒四十九
[天气篇]

"九九三天是惊蛰"，惊蛰是最后一个九天的第三天。"九九寒尽"，出九之后，迎来春雷、春雨。"惊蛰老冰开"，再硬的坚冰也抵挡不住春天的脚步了。

不过，春天气候多变，"二八月乱穿衣"。

春季常有寒潮出现。所以尽管常常"九九加一九，耕牛遍地走"，但是寒潮一来，就成了"九九加一九，还有春寒四十九"。有时，直到农历五月，还有"吃了端午粽，还要冻三冻"。不过，一般来说，"二月重河冻，米面憋破瓮"，春寒是有可能带来丰收的。

但事也不尽然。淮河以南地区春季连续多日阴雨并伴随气温下降的天气称为春季低温阴雨。这种阴雨每次持续五到七天甚至十天左右。降水量一般不大，但气温较低。这种天气有时会接连出现，以致阴雨天气能断断续续长达一个月之久。低温阴雨对我国南方水稻播种影响很大，严重的会造成烂秧。

我国南北跨度大，作为春天标志的桃花，开放的时间各地都不一样。据专家观测，每向北一个纬度，桃花晚开三到四天。

春天的到来还与地势有关。唐代元和十二年四月九日（817 年 4 月 28

日），著名诗人白居易会同友人游览庐山大林寺。当时正值暮春时节，山下平原的桃花早已凋谢，可是大林寺的桃花却刚刚盛开。山下山上的对比触发了诗人的诗兴，他挥笔写下了一首"气候诗"——《大林寺桃花》：

人间四月芳菲尽，山寺桃花始盛开。
长恨春归无觅处，不知转入此中来。

这首诗写出了山区气候的特点。原来气温是随着高度升高而下降的，每上升一千米约下降 6℃。古时大林寺位于今日庐山风景区，比山下平原高出一千一百米，气温相应低 7℃左右，正好相当于山下一个月前的情况。在江西的平原地区，桃花开放与春季开始几乎是同时的，约在 3 月中旬；那么大林寺应在 4 月中旬，4 月下旬自然就是盛开季节。

小麦要水又怕水
[农时篇]

"春雨贵如油"，春雨是不可以大手大脚地使用的。春季耙地，疏松表层土，粉碎土坷垃，填补裂缝，切断毛细管，可以防止水分蒸发，起到防旱保墒的作用。这时如果喜降春雨，就是好上加好了。

雨水之后就是惊蛰。惊蛰节气，我国有些地区已是桃花红、李花白、黄莺鸣叫、燕子飞来的时节，春耕大忙已经到来。

惊蛰时节，黄河流域大部分地区小麦进入返青期，易生干旱。为了巩固入冬前分蘖和争取早春分蘖，要浇好小麦返青水。具体浇水时间和浇水量根据苗情而定。当然，春雨过多也不好，小麦有着要水又怕水的双重性格。农谚说："春雨湿了垄，麦子丢了种。"春涝常引起小麦和油菜烂根、早衰和病害。

养生健身看体质
[养生篇]

人的体质各异，养生健身亦各不同，且因时令而异。

阴虚体质者，形体消瘦，手足心热，心中时烦，少眠，便干，尿黄，不耐春夏。在精神调养方面，要加强自我涵养，养成冷静沉着的习惯。要少参加争胜负的文体活动，春夏季可到海边、林区旅游度假。饮食方面要保阴潜阳，多吃清淡食物，如糯米、芝麻、蜂蜜、乳品、豆腐、鱼、蔬菜、甘蔗、海参、蟹肉、银耳、雄鸭、冬虫夏草等。燥烈辛辣之品少食。

阳虚体质者，形体白胖，面色苍白，手足欠稳，小便清长，大便时稀，怕寒喜暖。此种人常情绪不佳，易恐易悲，要善于调节情绪，多听音乐，多交朋友。阳虚之人适应气候能力差，春夏要培补阳气，多晒太阳；要加强体育锻炼，可散步、慢跑、打太极拳。饮食方面，要多吃壮阳食品，如羊肉、狗肉、鸡肉。

血瘀体质者，面色晦滞，口唇色暗，肌肤干燥，眼眶黑暗。此种人多有气郁之症，要注意培养乐观情绪。要多做有益于心脏血脉的活动，如交谊舞、太极拳、保健按摩。多吃桃仁、黑豆、油菜、慈姑等，喝一些山楂粥、花生粥，还可用肉类煲汤。

痰湿体质者，形体肥胖，肌肉松弛，嗜食肥甘，神倦身重。此种人要避开阴湿环境，多吃化痰祛湿的食物，如白萝卜、扁豆、包菜、蚕豆、洋葱、紫菜、海蜇、荸荠、白果、枇杷、大枣、薏米、红小豆等，少食肥甘厚味之品，少喝饮料和酒类，且每餐不宜过饱。要长期坚持散步、慢跑、跳舞、打球。

第四节

春分

SPRING EQUINOX

春风不动地不开
[星象物候篇]

　　春分节气一般在公历 3 月 20 日或 21 日。春分之日，太阳位于黄经 0 度，入白羊宫。这天晚七点，仰望星空，北斗七星的斗柄正指向东，即 90 度处，古人称为"卯"的方向。

　　按农历的安排，二月为建卯之月，亦称卯月。春分属于中气，必在二月。卯就是冒，是植物破土而出的意思。农谚说"春风起，化冰地"，又说"春风不动地不开"。春分之后，和煦的春风吹遍大地，土壤解冻，万物复苏，一切沐浴在春风之中。

　　北宋文学家欧阳修有一首描写春分的题为《阮郎归·踏青》的词：

> 南园春半踏青时，风和闻马嘶。
> 青梅如豆柳如眉，日长蝴蝶飞。
> 花露重，草烟低，人家帘幕垂。
> 秋千慵困解罗衣，画堂双燕归。

　　二月的消息卦是大壮，两个阴爻在上，四个阳爻在下。从冬至到春分，阳气不断上升，到春分时，已经和阴气势均力敌。但是，平衡总是暂时的。这个卦象表示阴阳平衡已到尽头，上升的阳气已经开始要超过阴气了，人们已能明显地感到春天的温暖。

　　春分的"春"表示季节，"分"表示划分。

　　古语说："惊蛰后十五日为春分，分者半也。当春气九十日之半也。""春分者，阴阳相半也，故昼夜均而寒暑平。"这些话的意思是，春分时，春季九十天正好过了一半。春分时昼夜长度相等，不冷不热，阴阳各半。

公元前 7 世纪，我国人民就开始用土圭测日影的方法确定夏至的时间。两千四百年前的先秦时期，我国人民就注意到，从冬至到夏至，有一天白天和夜晚一样长，起名"春分"。春分这天，阳光直射处由南半球移到赤道，世界各地昼夜平分，古代又叫"日夜分"。秋分这天也是如此，民谚就有"春分秋分，昼夜平分"的说法。

春分的十五天分为三候：初候玄鸟至，二候雷乃发生，三候始电。

玄鸟就是燕子，初候时，年年在房檐下做窝的燕子从南方归来了。古人把燕子看成掌管春分的玄鸟。二候时，春雷发出阵阵轰鸣。三候时，闪电就多起来了。由此可见，雷电是春天到来的标志。若是冬季出现雷电，就是天气反常的表现。

在"二十四番花信风"中，春分节气分为三候：一候海棠花，二候梨花，三候木兰花。

乍暖还寒燕回巢
［天气篇］

春分过后气温一天天上升，雨水逐渐增多。但这时常常有冷空气自北方南下，气温并不稳定，同时风多而强，可以说是乍暖还寒。欧阳修有首《踏莎行·雨霁风光》写道：

雨霁风光，春分天气。千花百卉争明媚。画梁新燕一双双，玉笼鹦鹉愁孤睡。

薜荔依墙，莓苔满地。青楼几处歌声丽。蓦然旧事上心来，无言敛皱眉山翠。

这里描写的是北宋汴梁（今河南开封）春分时节的景象，雨后百花争艳，燕子回巢，正与流传下来的物候谚语和花信风吻合。

❄

春分有雨家家忙
[农时篇]

农业气象学上把日平均气温稳定超过 0℃的日期叫农耕期，把稳定超过 5℃的日期叫生长期，把稳定超过 10℃的日期叫积极生长期。春分时节，华北大部分地区处于农耕期末期和生长期初期。

谚语说"春分麦起身"，春分后小麦等越冬作物进入生长阶段。由于常受冷空气影响，天气忽冷忽暖，风多风大，土壤跑墒加快，有"二八月地漏如筛"之说。虽然华北地区这一阶段大部分年份都有一次 10 毫米左右的降雨，但仍会出现十年九旱的情况。

干旱分气象干旱、土壤干旱和生理干旱三种。气象干旱指空气十分干燥，又伴有一定的风力。虽然土壤不一定缺水，但由于强烈的蒸腾作用，使植物供水不足，从而引起灾害。土壤干旱指土壤缺水，植物根系因吸收不到足够的水分补偿蒸腾的消耗而受害。生理干旱指不良的土壤环境条件使作物生理过程发生障碍，导致植株水分平衡失调所发生的灾害。所谓不良的土壤环境条件包括土壤温度过高、过低，土壤通气不良，土壤溶液浓度过高及含有有毒化学物质。春旱可导致不能按时春播，或造成春播作物缺苗断垄，并影响越冬作物生长。七八月的伏旱，影响北方玉米、高粱、水稻的生长，造成棉花蕾铃脱落，使南方早、中稻灌浆和晚稻的移栽成活受到影响。秋旱则影响秋作物的产量和越冬作物的播种。

春分时，我国大部分地区都是播种时节。所以农谚说"惊蛰到春分，下种莫放松""春分有雨家家忙，先种瓜豆后插秧"。

惊蛰到春分也是栽树的好季节，难怪我国把植树节定在惊蛰和春分之间的 3 月 12 日。农谚说得好："三月惊蛰又春分，栽种树木灌水勤。"

阴阳平衡保健康
［养生篇］

春分时昼夜均而寒暑平，人们在保健养生时要注意保持人体的阴阳平衡。《素问·至真要大论》说："谨查阴阳所在而调之，以平为期。"就是说人体应该根据不同时期的阴阳状况，使"内在运动"——也就是脏腑、气血、精气的生理运动——与"外在运动"——也就是脑力、体力和体育运动——和谐一致，保持"供销"平衡。要避免不适当的运动破坏人体内外环境的平衡，加速人体某些器官的损伤和生理功能的失调，进而引起疾病，缩短寿命。平衡保健理论认为，合理饮食，维持体内各种元素的平衡，才有益于人体健康。

从立春到清明，是草木萌发生长期，人体血液也正处于旺盛期，激素水平处于相对高峰期，此时易发流行性感冒和非感染性疾病，如高血压、月经失调、痔疮及过敏。要平衡膳食，切忌偏热、偏寒、偏升、偏降的饮食误区。如在烹调鱼、虾、蟹等寒性食物时，必佐以葱、姜、酒、醋等温性调料，以防菜肴性寒偏凉，食后有损脾胃因而引起脘腹不适。在食用韭菜、大蒜、木瓜等助阳类菜肴时，常需配以蛋类滋阴之品，以达到阴阳互补之目的。

推荐补虚损、止便血的白烧鳝鱼，壮筋骨、降血压的杜仲腰花，凉血止血、消肿定痛的大蒜烧茄子。

春天，人易春困。要注意保持乐观向上、精神愉快的心态。要适当锻炼，定时睡眠，定量用餐。

❖

古有糕点今竖蛋
［礼仪篇］

自明清以来，每年春分都要在日坛举行拜祭太阳大明之神的祭祀活动。老北京还会在这一天吃太阳糕，祈求一年安康。这一民俗活动曾经在北京消失了近百年，直至前些年才在日坛公园恢复。同时恢复的民俗还有放风筝、竖鸡蛋等。春分当天，各行各业的民俗艺人还在日坛公园现场展卖泥塑、面塑、剪纸、草编等民间手工艺品。

太阳糕是一种用江米面和绵白糖蒸成的圆形小饼，上面常印着一只朱红的雄鸡引颈长啼。为了让更多人品尝到这种独特的民俗糕点，北京市朝阳区朝外街道曾特意制作了七千块造型别致的太阳糕，春分当天免费发放给前来参加祭日活动的居民。

　　在每年的春分那天，世界各地都会有千万计的人在"竖蛋"。这一被称为"中国习俗"的游戏现在已经走向世界。其玩法是，选择一个光滑匀称、刚生下四五天的新鲜鸡蛋，轻手轻脚地在桌子上把它竖起来。专家介绍，春分是南北半球昼夜等长的日子，呈 66.5 度倾斜的地球地轴与地球绕太阳公转的轨道平面刚好处于一种力的相对平衡状态，很有利于竖蛋。另一个原因是，蛋壳上有许多高 0.03 毫米左右的突起，三个突起可构成一个三角形的平面，如果使鸡蛋的重心线通过这个三角形，就可以实现"竖蛋"了。

　　春分的民俗还有吃春菜（一种野苋菜）、送春牛和祭祖等。

第五节

清明

PURE BRIGHTNESS

清明时节天地明
[星象物候篇]

　　清明节气一般在公历4月4日或5日。清明之日，太阳位于黄经15度。这天晚七点，仰望星空，北斗七星的斗柄正指向东偏南的方向，即105度处，古人称为"乙"的方向。

　　清明有天气清新明净的意思。清明时节，气候转暖，天清地明，草木繁茂，桃花初绽，杨柳泛青，春光明媚，万象更新，欣欣向荣。

　　清明的十五天分为三候：初候桐始华，二候牡丹华，三候虹始见。

　　古代"华"与"花"同义。这里的意思是说，初候时，梧桐树开花。二候时，牡丹花开了。还有一种说法是二候田鼠化鴽（音如）。鴽是鹌鹑一类的小鸟，二候时鴽见得多了，古人误以为是田鼠变来的。清明时节空气清新，三候时，雨后一般都能见到虹。

　　在"二十四番花信风"中，清明节气分为三候：一候桐花，二候麦花，三候柳花。

北地清明南国雨
[天气篇]

　　清明时节天清地明，是黄河中下游的情况。这一阶段雨量一般不多，因而有"清明前头滴滴金"的感叹。此时江南已进入春雨季节。"清明时节雨纷纷，路上行人欲断魂。借问酒家何处有，牧童遥指杏花村。"
这是唐朝诗人杜牧的一首脍炙人口的诗。读完此诗，大家会问，这个雨
纷纷的杏花村到底在哪里呢？

山西汾阳杏花村就在黄河流域。那里清明节气的十五天内，平均只
有三天下雨，雨量仅 11 毫米，符合天清地明的特点。另一个杏花村在
安徽贵池，那里的酒也很有名。贵池是全国春雨最多的地区之一。在清
明节气的十五天内，平均下雨的就有八天，雨量达到了 93 毫米，常常
细雨蒙蒙，连绵不断，用"雨纷纷"形容很是贴切。

"清明断雪，谷雨断霜"说的是我国华北、华中地区的正常气候情
况。您要是查一下华北、华中地区一些气象站的记录，就会发现华北、
华中地区清明过后仍然下雪，谷雨过后仍然有霜的事并不鲜见。当然，
像关汉卿《窦娥冤》中的"六月雪"则属于艺术家的想象了。

清明前后种瓜豆
[农时篇]

谚语说："清明前后，种瓜点豆。"云南就有"清明不撒豆，哪有五
谷生"的说法。但是到了山西中部却是"谷雨前后，种瓜点豆"。到晋
北的大同就是"小满前后，种瓜点豆"了。

在黄河中下游地区，人们说"清明前后一场雨，胜似秀才中了举"，
到华北地区就成了"谷雨时节一场雨，好比秀才中了举"了。

前面提到，我国华北、华中地区会说"清明断雪，谷雨断霜"，但
到了东北、西北和内蒙古地区，却流行"清明断雪不断雪，谷雨断霜

不断霜""清明种地风生芽，过清明种地雨生芽"的说法。原来，冬季降雪，清明时节土壤墒情好，南风吹来，庄稼就会生芽。而到了清明过后，常有少量春雨，雨后种子大量发芽。

"麦过清明拔三节""清明有雨兄弟麦，清明后雨子孙麦"。这说明，清明时节，小麦正眼巴巴地等着降雨。要是老天爷不肯配合，那就得锄地抗旱保墒了。

"清明谷雨时节交，种茄种柿种辣椒""清明谷雨四月过，油菜花黄麦穗新""清明柳绿桃花红，玉米高粱要播种"。这时候，如果到了江南水乡，满世界黄灿灿的油菜花胜过任何大型花卉展览。大自然给人带来的快乐是任何人造景观都无法比拟的。

清明须防高血压
[养生篇]

清明节气是高血压的易发期。高血压是体循环内动脉压持续增高并可伤及血管、脑、心、肾等器官的临床综合征。高血压患者冠心病和急性心肌梗死的发病率比正常血压者高出三至五倍。高血压系阴阳失调、本虚标实所致。此病与情志因素密切，且与外界的不良刺激有关。要注意减轻和消除异常情志反应，移情易性，保持心情舒畅，选择动作柔和、动中有静的太极拳作为首选锻炼方式，避免参加竞赛性的活动，避免负重。吃饭须定时定量，不要暴饮暴食。形体肥胖者，须减少甜食，限制热量摄入，多食瓜果蔬菜。老年高血压者要强调低盐饮食，增加钾的摄入，如多食用蔬菜、水果。推荐的菜肴有：温中补虚、降压安神的家常公鸡，清热除烦、益胃气、降血脂的口蘑白菜，滋阴、润燥、清热、利湿的鸡汤鱼卷。

寒食清明祭祖忙
[礼仪篇]

　　按我国传统，人们常在清明这一天扫墓，所以这一天也叫作清明节。

　　清明节的前一天是寒食节。这个节日源于介子推不受封赏、焚于绵山的故事。

　　传说春秋战国时期，晋献公在位时，公子重耳因继母骊姬迫害，逃奔国外，流亡了十九年。一天，重耳饿得生命垂危，跟随他的臣子介子推，剜下自己大腿上的肉，做成肉汤，让重耳吃了，重耳感激不尽。

　　后来重耳回国，做了晋国的国王，即晋文公。他论功行赏，大封功臣。封赏后，文公怕有遗漏，就派人张贴告示，让有功的人前来自报。

　　一日，宫门前出现一张无名帖子，上书："有龙失所，到处奔走。数蛇相从，历尽辛苦。龙饥无食，一蛇割股。龙归大海，安其壤土。数蛇入穴，终得其所。一蛇无穴，有谁怜顾。"晋文公读后才想起往事，立即派人去请介子推。谁知介子推早已弃家而去，携母隐居绵山了。介子推走后，邻居解张倍感不平，便写了上面的帖子。

　　晋文公得知后，请解张做向导，带领文武百官进山寻找，但一无所获。晋文公心里很难受，对解张说："听说介子推对母至孝，要是放火烧山，他一定会背着母亲出来。"火烈风猛，一连烧了三天三夜。火灭之后，在一棵烧枯的柳树下，人们发现了介子推母子相拥的尸体。

晋文公伤心痛哭，派人厚葬介子推母子，并造祠庙，又把离绵山二十千米的山西省定阳县，改为"介休"，意指介子推休息于此地矣。

介子推母子焚死之日，为阴历三月初六，是当年清明前一天。晋文公决定，每年届时祭奠介子推，并禁火三日，不吃烟火食。晋文公以此"以志吾过，且旌（表彰）善人"。这就是寒食节的由来。

民间则用面粉和枣泥做饼，捏成燕子模样，称之"子推燕"，并用柳条穿起来，插在门上，表示对介子推的怀念。类似的食品还有麦糕、青团（由雀麦草汁、糯米、枣泥等做成）等。

清明节时有折柳、插柳、戴柳的习俗。据说，唐高宗在某年三月初三，游春于渭阳，熏香沐浴后，赐群臣柳圈各一个，谓之可免虿毒。虿是古代对蝎子一类的毒虫的称呼。这就是说，古人认为柳条有驱毒的功能。这也是清明折柳、戴柳的开端。在江南地区，此后演化出插柳的习俗。每逢清明节，家家户户将柳条插在井边，叫作"井井有条"，这也是清明植树的起源。

寒食节、清明节，春回大地，草木翠绿。人们三五成群到野外游玩，古时称为探春、寻春，唐宋时已非常盛行。《武林旧事》记载："清明前后十天，城中仕女浓妆艳饰，金翠琛缡，接踵联肩，翩翩游赏，画船箫鼓，终日不绝。也有的在青绿的草地上骑马踏青，马蹄得得，疾驰如飞。"杜甫有"江边踏青罢，回首见旌旗"的诗句。我们现代人也经常春游，只是我们大部分人已不用水井，也不再折柳、插柳、戴柳和骑马踏青。

寒食节、清明节又是扫墓活动的沿袭。

唐代诗人白居易在《寒食野望吟》中写道：

乌啼鹊噪昏乔木，清明寒食谁家哭。

风吹旷野纸钱飞，古墓垒垒春草绿。

棠梨花映白杨树，尽是死生别离处。

冥冥重泉哭不闻，萧萧暮雨人归去。

宋代诗人高菊涧的《清明》诗曰：

南北山头多墓田，清明祭扫各纷然。

纸灰飞作白蝴蝶，血泪染成红杜鹃。

日暮狐狸眠冢上，夜归儿女笑灯前。

人生有酒须当醉，一滴何曾到九泉。

宋朝时规定寒食节、清明节期间，清扫坟墓三日。当时的"太学"放假三日，"武学"放假一日，以便师生扫墓和郊游。现在我们也在清明节时放假，方便公众扫墓。

寒食节、清明节除了祭祀、扫墓、踏青、插柳外，还有荡秋千、蹴鞠（即踢足球）、拔河、射柳、扑蝶、斗鸡、放风筝等活动。这些活动历代相传成为习俗。杜甫就有"十年蹴鞠将雏远，万里秋千习俗同"的诗句。

第 六 节

谷 雨

GRAIN RAIN

五谷得雨成长快

　　谷雨节气一般在公历 4 月 20 日或 21 日。谷雨之日，太阳位于黄经 30 度，入金牛宫。这天晚七点，仰望星空，北斗七星的斗柄指向东南偏东，即 120 度处，古人称为"辰"的方向。

　　按农历的安排，三月为建辰之月，亦称辰月。谷雨属于中气，必在三月。三月的消息卦是夬卦，一个阴爻在上，五个阳爻在下，表示阳气渐盛，阴气渐消，即将转入火热的夏季。

　　"谷"是五谷，"雨"是降水。谷雨表示五谷得雨，茁壮成长。《群芳谱》说："雨为天地之合气，谷得雨而生也。"

　　"光清明，暗谷雨""一场春雨一场暖"。清明时节天晴，谷雨时节雨多，再加上温暖的气温，谷类作物是再欢迎不过了。越冬作物返青拔节，春播作物出苗，真是"雨生百谷"。

　　谷雨的十五天分为三候：初候萍始生，二候鸣鸠拂其羽，三候戴胜降于桑。

　　初候水生植物浮萍开始生长。鸣鸠就是斑鸠，二候时，斑鸠展翅高飞。三候时，戴胜鸟常常降落在桑树枝头上。

　　在"二十四番花信风"中，谷雨节气分为三候：一候牡丹花，二候荼蘼花，三候楝花。

寒暖难料盼甘霖
[天气篇]

"九九加一九，还有春寒四十九"。谷雨时节，虽然九天已经远去，但仍有春寒。如果没有春寒，谷雨节气天气已经非常温暖，以至于达到"三月三，红缨凉帽单布衫"的情景，繁花似锦的夏天就要到了。这个时候雨水非常重要，但也会出现干旱的情况。

三月有雨好种田
[农时篇]

谷雨是春播的大忙季节。此时，气温回升，是玉米、高粱、谷子、大豆的适宜播种期，这时水稻也要泡种、播种、育秧。农谚"谷雨提耧种，墒好萌芽动"说的就是谷雨时播种，土墒好，萌芽快；"山青葫芦地青瓜，谷雨种棉花"说的就是谷雨是种葫芦、南瓜和棉花的大好时节。

"谷雨麦怀胎""谷雨麦挺直"。谷雨正值冬小麦进入拔节直至抽穗、开花和灌浆期，是需水量最多的时期，雨水的多少直接影响小麦的产量。此时土壤水分正在急剧减少，若降甘霖，就是求之不得的及时雨。所以说，"三月有雨好种田""麦怕胎里旱"。

谷雨时节一定要抢墒播种。正如农谚所说："谷雨动犁，宁早勿迟。"否则就"春无所种，秋无所收"了。

谷雨有时会有春寒，若因而耽误了春播，随后要及时补种。有谚语说："谷雨不冻，马上就种。谷雨上冻，小满重种。"

谷雨所在的三月正是养蚕的大好时节，因而三月也叫蚕月。

谷雨多发神经痛
[养生篇]

谷雨节气以后是神经痛的发病期，肋间神经痛、坐骨神经痛、三叉神经痛都可能发作。

肋间神经痛与肝气不舒有关，治疗时以舒肝行气、活血化瘀为原则。坐骨神经痛有感受风邪为主者，有感受寒邪为主者，有感受湿邪为主者，有伴以发热症状者。要根据病因，辨证施治，以疏通经络气血的闭滞、祛风、散寒、化湿为原则。三叉神经痛有三种：感受风寒者，以疏通气血为主；肝胃郁火者，以泻火为主；阴虚火旺者，以滋阴降火为主。专家推荐的膳食是：温补气血、强健筋骨、活血通络的参蒸鳝段，补虚损、除风湿、强筋骨的菊花鳝鱼，祛风除湿、活血通络的由黄豆芽、姜丝、红大椒做成的三色汤。

风寒湿病之人，切不可食柿子、柿饼、西瓜、芹菜、生黄瓜、螃蟹、田螺、蚌肉、海带等生冷性凉之物。有发热症状者忌食胡椒、肉桂、辣椒、花椒、生姜、葱白、白酒等温热助火之品。

谷雨节气虽以晴暖为主，但早晚较凉，早出晚归者要小心呵护自己。

第七节

立 夏

BEGINNING OF SUMMER

蜓立荷角作物旺

[星象物候篇]

立夏节气一般在公历5月5日或6日。立夏之日，太阳位于黄经45度。这天晚七点，仰望星空，北斗七星的斗柄正指向东南，即135度处，古人称为"巽"的方向。

立夏是反映季节变化的节令。"立"表示开始，"夏"表示季节，"立夏"就是夏季开始的意思。

《释名》说："夏，假也，宽假万物，使生长也。"立夏之后，气温升高，农作物进入蓬勃生长的阶段。甲骨文中夏字的造型，一象草木繁茂，一象蝉。蝉是夏季的虫，也是夏季的象征。

气候学中的夏天是指候平均温度在22℃以上的时段。

立夏的十五天分为三候：初候蝼蝈鸣，二候蚯蚓出，三候五瓜生。

蝼蝈也叫蛤蟆，是蛙的一种，初候时，蛤蟆开始鸣叫。二候时，蚯蚓从地下钻出来，忙着帮农民翻松泥土。五瓜也叫土瓜，三候时，五瓜长出来。

从小寒到谷雨，共八个节气，二十四个候，每候一种花开，形成"二十四番花信风"。这些花信风中，梅花最早，楝花压轴。"二十四番花信风"过后，以立夏为起点的夏季便来临了，此时我国大部分地区已经进入夏季。自然界的植物开始茂盛、丰腴，春作物正值生长旺盛期。我国南方平均气温一般高于22℃，处处呈现夏日景色。正可谓："梅子金黄杏子肥，榴花似火桃李坠，蜓立荷角作物旺，欣欣向荣见丰收。"

冰雹是个大灾害
[天气篇]

夏天天气炎热，要重视雹灾的发生。

冰雹是坚硬的球状、锥状或形状不规则的固态降水。常见的冰雹如豆粒大小，但也有如鸡蛋大小甚至超过鸡蛋的，有时是几个冰粒的融合体，常伴有雷暴出现。史料上记载，清朝曾出现过直径十六厘米、碗口大小、重约一千克的大冰雹，但现在已无法证实了。

忙春夺夏保丰收
[农时篇]

谚语说："春争日，夏争时，一年大事不宜迟。"人们需要忙春夺夏，才能保证丰收。"立夏的田，一天长一拳"，不争分夺秒怎么行呢？

"立夏三天遍地锄"。中耕松土三天，有利保墒透气，确保苗全苗壮。

"立夏见麦芒"。立夏时，冬小麦进入开花、灌浆期。此时气温高，水分蒸发大。因此，一定要注意"立夏天气暖又暖，大力灌溉防天旱"，防止作物水分不足。

"立夏南风海底干"。如果立夏有大风，对小麦扬花极为不利。

"农忙立夏进高潮，首重中耕查补苗"。立夏正值棉花小苗期，这个阶段应该查苗、补苗、中耕定苗。要注意降水和灌溉。

"立夏地里支棵草，秋后吃个饱"。立夏开始是各种作物全面田间管理的阶段。

"立夏高粱小满谷""立夏荚子小满谷""立夏种胡麻，七股八圪叉""立夏小满前，油葵播种好时间""清明高粱谷雨花，立夏前后种地瓜""花生和芝麻，谷雨到立夏""立夏插秧日比日，小满插秧时比时"。这一连串谚语形象地道出了立夏农活又多又杂，称得上是真正的大忙季节。当然，有耕作的忙碌，也就会有丰收的喜悦。

水稻、玉米、大豆这些庄稼，夏天在田里晒惯了，天气一凉就受不了，称之为低温冷害。根据前些年的统计，在我国东北地区，夏季低温会使粮食产量下降15%，严重的低温会造成减产30%。

而夏涝则影响夏收夏种，造成作物倒伏、秕粒和棉花蕾铃脱落。

立夏重点护心脏
[养生篇]

《素问·四气调神大论》说："夏三月，此谓蕃秀，天地气交，万物华实。"夏三月指从立夏到立秋前，含立夏、小满、芒种、夏至、小暑、大暑六个节气。立夏、小满在农历四月前后，称为初夏。此时天气渐热，植物繁盛。

古人认为，心脏的阳气能推动血液循环，维持生命活动，使之生机不息，有如天上的太阳。古人还认为心与夏皆为阳，互相通应，因而心脏夏季最为旺盛，功能最强。所以，夏季养生中应注重对心脏的特别养护。

立夏节气常常衣单被薄，即使体健之人也要谨防外感。老年人更要注意避免气血瘀滞，以防心脏病发作。故立夏之时，情宜开怀，安闲自乐，切忌暴喜暴怒伤心。清晨可食葱头少许，晚饭宜饮红酒少量，以畅通心血。膳食以低脂、低盐、多维生素和清淡为主。推荐菜肴有：清芬养心、升运脾气的荷叶凤脯，清热解毒、利湿祛痰的鱼腥草拌莴笋，补益心脾、养血安神的桂圆粥。

立夏南郊祭炎帝
［礼仪篇］

古人在立夏时要举行迎气礼仪。

按五行学说，凡是有暑热炎上功能的事物，都归之为火性。因而夏季归之于火，并形成与火性相应的迎夏礼仪。《后汉书》记载：

> 立夏之日，迎夏于南郊，祭赤帝祝融。车旗服饰皆赤。歌《朱明》，八佾舞《云翘》之舞。

意思就是，立夏这天，在京都洛阳离城七里的南郊，设坛祭祀赤帝祝融，演唱名为《朱明》的乐曲，跳名为《云翘》的舞蹈。祭祀用的车马皆饰红色，祭祀者都着红衣。红色在迎夏礼仪中象征夏天。相应的神明是赤帝祝融，赤帝又称炎帝。祭祀用的乐曲为《朱明》。朱色是鲜艳的红色，《朱明》与夏天的颜色相联系，也是象征夏天的。古人认为春夏属于阳，秋冬属于阴。舞蹈《云翘》属于阳，就用于迎夏。

第 八 节

小满

GRAIN BUDS

谷物成熟麦秋月
［星象物候篇］

小满节气一般在公历 5 月 21 日或 22 日。小满之日，太阳位于黄经 60 度，入双子宫。这天晚七点，仰望星空，北斗七星的斗柄正指向东南偏南的方向，即 150 度处，古人称为"巳"的方向。

按农历的安排，四月为建巳之月，也叫巳月。小满属于中气，必在四月。四月的消息卦是乾卦，全为阳爻，表示阳气处于鼎盛时期。

"小"指开始，"满"指麦类等夏熟作物灌浆成熟，籽粒饱满。"小满"指作物开始灌浆，但籽粒尚未完全饱满。小满在二十四节气中属于小辈。在其他节气都已名声在外之后，小满才在《淮南子·天文训》中和大雪节气一起找到了自己的位置。

小满的十五天分为三候：初候苦菜秀，二候靡草死，三候麦秋至。

初候时，苦菜开花。靡草是一种蔓生的草，二候时，靡草开始枯死。古人以万物初生为春，成熟为秋，三候就是谷物成熟的时期，所以四月也叫麦秋月。

小满有雨麦秀齐
［天气农时篇］

小满以后气温开始急剧上升。但是各种农作物各有所好，众口难调，老天爷很不好当。农谚说:"做天难做四月天,蚕要温和麦要寒,秧要日头麻要雨,养蚕姑娘盼晴天。"

小满是小麦、大麦和其他夏熟作物即将成熟的时节,因而有"小满三天遍地黄,再过三天麦登场"之说。我国地域辽阔,小麦、大麦由南向北依次进入收获季节,上述说法比较适合黄河中下游地区。长江中下游是"麦到小满熟",华中地区是"麦到立夏收,谷到处暑黄",华北地区则是"麦到芒种谷到秋,寒露才把豆子收"。这就是说,南北方的小麦收割期跨了三个节气。

"小满有雨麦秀齐"说的是小满时麦田有水才能籽粒饱满。但是,"四月怕刮,五月怕下",四月容易出现干热风。干热风是高温低湿并伴有一定风力的农业气象灾害,分为两种,即高温低湿型和雨后青枯型:高温低湿型会影响小麦和水稻的开花和灌浆;雨后青枯型表现为雨后猛晴和相对的高温低湿天气,会危害小麦乳熟后继续灌浆增重。

小满是插秧的好时节,同时还要做好秋禾的查苗补苗,夏锄夏管,种好玉米和芝麻。农谚把这概括为"秧奔小满谷奔秋"。小满节气农活如此之多,难怪农谚说"到了小满节,昼夜难得歇"。

小满还是春蚕结茧的季节,所以说"春蚕不吃小满叶,小满三月见新蚕"。

未病先防重养生
[养生篇]

小满节气正值5月下旬,气温明显升高,如若贪凉卧睡必将引发风湿症、湿性皮肤症等。对此，一定要掌握"未病先防"的养生观点。中医认为人体是一个有机的整体，人与外界环境是息息相关的。一定要顺应自然界的变化，保持体内外环境的协调，从增强机体的正气和防止致病的邪气两方面做到"治未病"。

小满节气是皮肤病的高发期，要重点注意"风疹"的防治。风疹有三种：一为风热症，色红赤，痒甚，遇热加重；二为风湿症，色白或微红，兼有身重；三为胃肠积热症，色红赤，兼有脘腹疼痛，大便秘结或泄泻。治疗以疏风祛湿、清泻血热为原则。病人宜以清爽清淡的素食为主，如赤小豆、薏米、绿豆、冬瓜、丝瓜、黄瓜、黄花菜、水芹、荸荠、黑木耳、藕、胡萝卜、西红柿、西瓜、山药、鲫鱼、草鱼、鸭肉等；忌食甘肥滋腻、生湿助湿、酸涩辛辣及油煎熏烤之品，如生葱、生蒜、生姜、芥末、胡椒、辣椒、茴香、桂皮、韭菜、茄子、蘑菇、虾、蟹、牛肉、羊肉、狗肉、鹅肉等。推荐食疗菜肴有：平肝清热、利湿解毒的芹菜拌豆腐，平肝、祛风、利湿、除热的冬瓜草鱼煲，温中健脾、利水消肿的青椒炒鸭块，清热利湿、健脾开胃、止泻固精的荸荠冰糖藕羹。

第 九 节

芒种

GRAIN IN EAR

有芒作物已成熟

芒种节气一般在公历6月5日或6日。芒种之日，太阳位于黄经75度。这天晚七点，仰望星空，北斗七星的斗柄正指向南偏东的方向，即165度处，古人称为"丙"的方向。

芒种是一个反映物候的节令。"芒"指麦类等有芒的作物，"种"指种子，芒种表示麦类等有芒作物已经成熟，可以收割了。《授时通考》说："芒种，谓之有芒者，麦也，至当熟矣。"

芒种的十五天分为三候：初候螳螂生，二候鵙始鸣，三候反舌无声。

初候时，螳螂出现在田野地头。鵙是伯劳鸟，二候时，伯劳鸟开始鸣叫。反舌也叫百舌鸟，三候时，百舌鸟哑然无声了。

芒种忙种勿误时
[天气农时篇]

芒种节气是晚谷、黍子、玉米、豆子等夏播作物播种最忙的时节。所以，芒种是名副其实的"忙种"，人们必须"春争日，夏争时"，使得"芒种到，无老少"。芒种是种植夏作物时机的分界点。过了芒种，农作物的成活率就越来越低。

芒种时黄河中下游小麦成熟，必须抓紧收割。这时，我国由南到北是龙口夺粮的时节。农谚说："八成熟，十成熟。十成熟，两成丢。"这就是说，到了芒种节气，小麦即使八成熟，也要当作十成熟收回来。过了芒种，即使十成熟，一遇风雨，收回来也只有八成，两成还是要丢的。芒种节气已到黄梅季节了。"黄梅天，十八变"，风雨和雹灾会随时袭来，千万不能掉以轻心。

清补药浴安度夏
[养生篇]

我国地域辽阔，同一节气各地气候差异很大。芒种节气，长江中下游已经进入高温高湿的梅雨天。人体内汗液散发不畅，容易感到困倦萎靡。此时要注意增强体质，避免季节性疾病和传染病，如中暑、腮腺炎、水痘等的发生。

要保持精神愉快，防止恼怒忧郁。要晚睡早起，适当接受阳光照射，但要避开太阳直射。中午宜小憩。

我国药浴由来已久。药浴有浸浴、熏浴、烫敷等。药浴不仅可健身益寿，亦可用于治疗和康复。药浴除水的温热作用外，还有药物的疏通经络、活血化瘀、祛风散寒、清热解毒作用。

夏季饮食宜清补。少食肉，多食饭，多食蔬菜、豆类，切勿过咸、过甜。夏季人体新陈代谢旺盛，汗易外泄，系耗气伤津之时。要多吃祛暑益气、生津止渴的食物。老年人机体功能减退，热天消化液分泌减少，心脑血管不同程度硬化，饮食以清补为主，辅以清暑解热、护胃益脾和具有降压降脂作用的食品。推荐菜肴有：生津止渴、养心安神的西红柿炒鸡蛋，补益肠胃、生津除烦的香菇冬瓜球，滋肾阴、助肾阳的五味子枸杞饮。

第十节

夏至

SUMMER SOLSTICE

阳极阴气始上升

[星象物候篇]

夏至节气一般在公历 6 月 21 日或 22 日。夏至之日，太阳位于黄经 90 度，入巨蟹宫。这天晚七点，仰望星空，北斗七星的斗柄正指向南方，即 180 度处，古人称为"午"的方向。

按农历的安排，五月为建午之月。夏至属于中气，必在五月。夏至之夜，遥望南天，星光闪烁，红光四射，古人称之为"大火"。五月的消息卦是姤卦，五个阳爻在上，一个阴爻在下，表示阳气已到尽头，阴气开始上升了。俗语说"夏至一阴初生"。这个俗语中"初"字很重要，它说明阴气的上升仅仅是开始而已。

"夏"是季节，"至"指到了，夏至表示炎热的夏季到来了。

古人在夏至之日，用土圭测影，发现正午的太阳高度夏至时最高，日影最短，仅有一尺四寸二分，称为"日短至"。

现在，我们知道，夏至时太阳直射北回归线（即北纬 23.5 度处）。北回归线以北的地方接收的太阳辐射在全年最多。夏至时，太阳高度角最高，白天最长，所以民间有"夏走十里不黑"的说法。有句古诗说"三时刻漏长"，"三时"指的是夏至后十五天，"刻漏"是古代计时用的仪器，这句诗说的就是夏至前后夜短昼长的情景。

夏至的十五天分为三候：初候鹿角解，二候蜩始鸣，三候半夏生。

初候可以开始割鹿角。蜩就是蝉，二候蝉开始鸣叫。半夏是一种中药，因五月出苗，正好居夏之半而得名。三候就是半夏的出苗时。

细雨飞梅五月天
[天气篇]

　　夏至季节，地面受热强烈，空气对流旺盛，午后至傍晚容易形成雷阵雨。这种雨骤来疾去，范围窄小，人们常说"夏雨隔田坎"。夏至节气时有一个梅雨期。这个时期正是江南梅子成熟的时节，梅雨一名由此而来，正如古诗说的"梅逐雨中黄"。这一时期高温高湿，东西非常容易发霉，因而梅雨又称"霉雨"。进入梅雨期叫入梅或入霉，梅雨期结束叫出梅或出霉。《月令广义》说："芒种后逢丙入霉，小暑后逢未出霉。"这样定的梅雨期从芒种后丙日到小暑后末日，历时一月左右，每年的具体日期可从历法书上查到。但这是正常年份的大致情况。

　　我国江淮流域每年六七月份常有一段降水量大、降水次数频繁的连续阴雨的天气，这就是梅雨。梅雨有长有短，长时有一个多月，短时只有几天。是不是年年都有梅雨呢？不是的。有些年六七月份没有一段明显的雨期，或者下雨时间很短，降水量也很少，就不算有梅雨，人们称之为"空梅"。梅雨的雨量以适度为好，雨太多了会产生洪涝灾害，雨太少了，出现"空梅"，就干旱了。

　　梅雨有时连绵不断，终日淫雨霏霏，古诗形容为"细雨飞梅五月天"。有时又狂风大作，大雨倾盆，现出"五月将尽多恶风"的凶相。梅雨期也不是天天都下雨，也有"熟梅天爱偶然晴"的时候。夏天很热，可是一旦梅雨来临，天一下就变凉了。古诗说"梅黄时节怯衣单"，则是有点文学化了。

水满田畴稻叶齐
[农时篇]

夏至时，在祖国的南疆，正是"水满田畴稻叶齐""青草池塘处处蛙"的季节。此时早稻已经收获，中稻正在插秧。正如农谚所说："夏至三朝，知了上树稻成行。"北方则是禾苗快长、中耕锄草的时节，农活非常繁忙，所谓"五月金，六月银，错过光阴无处寻"。

养神清气护阳气
[养生篇]

夏至是阳气最旺的季节，养生要顺应夏季阳盛于外的特点，注意保护阳气。要神清气和，心胸开阔。另外，夏季炎热，更宜调息静心，即"心静自然凉"。

要顺应夏季阳盛阴衰的变化，晚睡早起。夏季炎热，若汗泄太过，易头昏胸闷、心悸、口渴、恶心，甚至昏迷。安排室外工作及体育锻炼，要避开烈日炽热之时。要适当安排午休。

每日洗温水澡是值得提倡的夏季健身措施。温水澡不仅可以清洁皮肤，而且可以通过水压及机械按摩作用，使神经系统兴奋性降低，体表血管扩张，加快血液循环，消除疲劳，改善睡眠，增强抵抗力。

夏日炎热，腠理开泄，易受风寒湿邪侵袭，睡眠时不宜直接吹风，否则易引发面瘫。空调房间室内外温差不宜过大，更不宜夜晚露宿。

夏季运动最好选择在清晨和傍晚，到森林、海滨度假也是良策。锻炼项目以散步、慢跑、太极拳、广播操为好。运动过程中，若出汗太多，可饮用淡盐水或绿豆盐水汤，切不可饮用大量凉开水，更不宜运动后立即用冷水冲头、淋浴，否则会引起寒湿痹症、黄汗等多种病症。

夏季饮食宜多食酸味、咸味。西瓜、绿豆汤、乌梅小豆汤虽为解暑消渴之佳品，但不宜冰镇食之。夏季炎热，人的消化功能相对较弱，饮食宜清淡不宜肥甘厚味，要多食杂粮，冷食瓜果适可而止。推荐菜肴有：清热解毒、宁心安神、止泻止痢的荷叶茯苓粥，利五脏、通经脉的凉拌莴笋，清热解毒、生津除烦、补虚损、益脾胃的奶油冬瓜球，健脾益气的兔肉健脾汤。

上下求索路漫漫
[节日篇]

夏至节气所在的农历五月，有一个重要的节日，这就是初五的端午节。

端午节的由来与爱国诗人屈原有关。屈原是战国时期楚国的大臣。他学识渊博，文采飞扬，主张彰明法度，举贤授能，联齐抗秦，但遭坏人诬陷，被逐于郢都（今湖北江陵）以南的汨罗江边。后来，秦军攻陷郢都。消息传来，屈原感到无力挽救祖国的灭亡，悲痛之至，遂于周赧王三十七年（前278年）五月初五抱石投江。

屈原以身殉国，人们悲痛万分。他的好友乘舟打捞他的遗体，未能捞到。为了不让鱼虾损害他的遗体，就用竹筒装米或用苇叶包成粽子投入江中。端午吃粽子和赛龙舟的习俗遂延续至今。

端午节正当天气炎热之时，各种疾病容易发生。人们采艾叶、菖蒲、大蒜、蟾酥，涂雄黄，制朱砂酒用以防病治病。现代医学证明，艾叶、菖蒲、大蒜有杀菌、清热解毒作用，可防治呼吸道传染病、痢疾、胃病、胃癌等。雄黄外搽皮肤，有杀菌、止痒、清热解毒的作用，可防治呼吸道传染病。在端午节时，西北地区的儿童要带一种内部装着几种中药的香荷包，一为时尚，二为消毒。

屈原是世界文化名人，他在《离骚》中写道："路漫漫其修远兮，吾将上下而求索。"屈原的这种求索精神在独具特色的《天问》中表现得淋漓尽致。《天问》共三百七十余句，一连提出了有关自然现象、古史传说、神话故事等的一百七十多个问题，对自然和历史的传统观念表示了大胆的探索和质疑。

"天问"就是问天，向天问难的意思。让我们摘录其中几句并对照相应的译文。

曰：遂古之初，谁传道之？

试问：那远古开端的形态，是谁把它传述下来？

上下未形，何由考之？

上下混沌天地还没有形成，又用什么方法考察？

冥昭瞢闇，谁能极之？

宇宙一片混沌暗昧，谁能够考究明白？

明明闇闇，惟时何为？

白昼光明黑夜暗，为什么这样分明？

圜则九重，孰营度之？

圆圆的天盖有九层，是谁把它度量和经营？

惟兹何功，孰初作之？

这是何等大的工程，当初是谁把它完成？

天何所沓？十二焉分？

天体在什么地方立足？怎样划分出十二星座？

日安不到，烛龙何照？

太阳哪有照不到的地方？那么烛龙所照又是何处？

出自汤谷，次于蒙汜，

太阳从汤谷升起，晚上到蒙水边止息，

自明及晦，所行几里？

从天亮到天黑，它一天奔行了多少里？

冯翼惟象，何以识之？

大气弥漫无形象，根据什么辨认出来？

伯强何处？惠气安在？

风神伯强住何处？祥和之风哪吹来？

东流不溢，孰知其故？

百川东流入海总装不满，谁能知道它的原因何在？

何所冬暖？何所夏寒？

什么地方冬天温暖？什么地方夏天寒冷？

萍号起雨，何以兴之？

雨师萍号主管降雨，那雨究竟怎样兴起？

蜂蛾微命，力何固？

蚂蚁和蜜蜂都很微小，它们的力量怎么这样顽强？

屈原在这里就宇宙起源、宇宙探测、宇宙本质、昼夜交替、天体观测和运动、天体数目、太阳辐射、太阳在天球上一日的行程、大气探测、风的形成和风力大小、水分循环、气候区划、雨的形成、生物身体结构等提出了一大堆问题。从屈原的时代到现在已经过去两千多年了，经过科学家的不懈努力，我们对这些问题已经可以给出一些回答。但是，很多问题仍然不能给出圆满的答案，因此，我们还要继续上下求索。

第十一节

小 暑

MINOR HEAT

夏季三月阴风起
[星象物候篇]

　　小暑节气一般在公历 7 月 7 日或 8 日，是一个反映温度变化的节令。小暑之日，太阳位于黄经 105 度。这天晚七点，仰望星空，北斗七星的斗柄正指向南偏西的方向，即 195 度处，古人称为"丁"的方向。

　　"小"表示开始，"暑"表示炎热，"小暑"表示热的时日开始了但尚未到最热的时日。

　　小暑的十五天分为三候：初候温风至，二候蟋蟀居壁，三候鹰始鸷。

　　依五行学说，夏季三月，阴风起。凉风属阴。初候时，凉风开始来了。二候时，蟋蟀来到了屋檐下。鸷是练习飞翔的意思。三候时，秋之将至，鹰顺应秋主杀之气，学习飞翔搏击。

　　唐代诗人元稹的《小暑六月节》诗云：

　　　　倏忽温风至，因循小暑来。

　　　　竹喧先觉雨，山暗已闻雷。

　　　　户牖深青霭，阶庭长绿苔。

　　　　鹰鹯新习学，蟋蟀莫相催。

　　这仿佛就是小暑时节物候现象的详细注解。

　　小暑时节，正是萤火虫开始活跃的时候。芦苇下、草丛中都是萤火虫的聚集地。只要有绿草和露水的地方，夜晚就可见到那忽明忽暗的点点白光，好像天上的星星在闪动，在徐徐的微风中，伴随着人们度过漫漫长夜。

暴雨有过也有功
[天气篇]

小暑正值雨季来临。谚语说"小暑一声雷，反转做黄梅""小暑大暑，泡死老鼠"。这一期间常有雷暴、冰雹伴随着暴雨出现。

按气象学的规定，24 小时降水超过 50 毫米定为暴雨，超过 100 毫米定为大暴雨，超过 200 毫米定为特大暴雨。我国幅员辽阔，南北东西气候差异很大。夏天在南方 24 小时下 50 毫米的雨是常有的事。但是在西北地区，这样的雨很少见，一旦发生，它的影响就相当于南方 100 毫米以上的大暴雨了。因此，在实际应用中，各地气象部门也不全遵循上面所说的统一规定。

暴雨最大可以达到多少呢？我国有资料记载的最大暴雨是发生在 1996 年 7 月 31 日台湾嘉义县阿里山，24 小时降雨量为 1748.5 毫米。世界纪录的最大暴雨是发生在 1952 年 3 月 15 日印度洋留尼汪岛的塞路斯，24 小时降雨量为 1869.9 毫米。

人们常说暴雨是一种气象灾害，其实这句话也不准确。暴雨有时也有功劳。比如说，北京汛期降水就以暴雨为主，如果某年暴雨太少，就会发生干旱。

台风有非也有是
［天气篇］

　　我国东南沿海各省在小暑节气正是台风来临之时。台风是一种形成于热带地区的气旋。为了区分热带气旋的强弱，把中心附近最大平均风速小于 17.1 米 / 秒（最大风力 6~7 级）的热带气旋叫热带低压，风速在 17.2~24.4 米 / 秒之间（最大风力 8~9 级）的热带气旋叫热带风暴，风速在 24.5~32.6 米 / 秒之间（最大风力 10~11 级）的热带气旋叫强热带风暴，风速超过 32.6 米 / 秒（最大风力 12 级）的热带气旋称作台风。台风有直径几百千米乃至上千千米近于圆形的涡旋云系，外围还有长达数千千米的螺旋云带。台风造成的灾害主要有三种，即暴雨和洪涝、强风和海浪、风暴潮。我国暴雨的前两名发生在台湾省，都是台风造成的。我国大陆暴雨的冠军也是由台风造成的，即 1975 年 8 月在淮河上游发生的特大暴雨，起因是当年的第三号台风。风暴潮是强烈大风引起的海面异常升降现象，可使海上和港内船舰损毁和沉没，亦会破坏海堤，使海水倒灌，淹没沿海城市和村庄。如果这时天文大潮也来凑热闹，后果将不堪设想。

　　虽然台风的风雨会造成灾害，但它的功绩也是不可磨灭的。我国东南沿海地区，夏季降水中台风暴雨占一半以上，广东则占到 76%。这就是说，如果没有台风帮忙，我国东南沿海就要闹旱灾了。特别是当台风进入内陆，由于地面摩擦，脾气变得温顺之后，风力减小，它的大量降水灌溉万顷良田，造福人民。因此，我国东南沿海的农民有一种"台风来了怕台风，不来台风想台风"的心态。

小暑忙收又忙种
[农时篇]

小暑节气还是很忙的。

农谚说："六月小暑连大暑，防涝锄草莫踌躇。"田间管理是这一时期的重头戏。

"小暑大暑割麦忙"，小暑也是一个收获的节令。

"小暑黄麻大暑粟""小暑白豆大暑米""小暑碰鼻子，还种十垧小糜子"……小暑还是一个播种的节令。很多地方要因地制宜，晴天抢收，阴雨天抢种。

自爱自好护玉体
[养生篇]

小暑节气，气候炎热，要特别注意对身体的养护。道教经典《太平经》提出了"自爱自好"的养生学说，指出"人欲去凶而远害，得长寿者，本当保知自爱自好自亲，以此自养，乃可无凶害也。"就是说，只有通过自我养护和积极锻炼，才能益寿延年。

炎热易使人心烦不安，疲倦无力。因此，在炎热的夏季要突出一个"平"字，乐观向上，心平气和。

夏季又是消化道疾病的多发季节，要注意避免饮食不节和不洁。过饥，则摄入不足，易致气血不足，引起形体倦怠消瘦，抵抗力降低，继发疾病；过饱，则超过脾胃的消化吸收功能，导致饮食阻滞、脘腹胀满、嗳腐泛酸、厌食、吐泻。饮食不洁会引起多种胃肠道疾病，如痢疾、寄生虫病等，还会造成食物中毒，引起腹痛、吐泻，重者会昏迷甚至死亡。

偏食也是营养不良的原因之一。例如，偏食生冷寒凉，会损伤脾胃，产生腹痛泄泻；偏食辛温燥热，可使胃肠积热，出现口渴、腹胀、便秘以致痔疮。所以，平时要特别重视平衡膳食，病时要讲究饮食禁忌。推荐的菜肴有：清热解毒、疗疮疡的炒绿豆芽，补虚、止汗的素炒豆皮，解热、除烦、止渴的素烩面筋，健脾利湿、补虚强体的蚕豆炖牛肉，清热、生津、止渴的西瓜番茄汁。

大夏城中祭黄帝
［礼仪篇］

古人曾将一年分为四季五时，即春、夏、大夏、秋、冬。就是说，传统的夏季分为两段：一为夏；一为大夏，又名黄灵。夏从立夏至立秋前十九日；大夏从立秋前十八日至立秋前一日，也就是小暑的尾巴直至立秋，历时半个多月。大夏正当伏天，也就是盛夏，亦即酷暑之时。在大夏开始时要举行迎气礼仪。

按五行学说，凡是有长养万物功能的事物，都归之为土性。因而大夏归之于土，并形成与土性相应的迎接大夏的礼仪。《后汉书》记载：

先立秋十八日，迎黄灵于中北，祭黄帝后土。车旗服饰皆黄。歌《朱明》，八佾舞《云翘》《育命》之舞。

意思就是，大夏到来这天，在都城洛阳城中心，设坛祭祀黄帝和后土（盘古之后第三位诞生的大神叫作后土），演唱名为《朱明》的乐曲，同时跳名为《云翘》和《育命》的舞蹈。祭祀用的车马皆饰黄色，祭祀者都着黄衣。黄色在迎黄灵礼仪中象征大夏。祭祀用的乐曲为《朱明》。朱色是鲜艳的红色，是象征大夏的。古人认为春夏属于阳，秋冬属于阴，大夏当然也属于阳。舞蹈《云翘》属于阳，《育命》属于阴，大夏是阳盛时期，也是阴始之时，因而同时跳两种舞蹈。

大暑

MAJOR HEAT

高温多雨大暑时

[星象物候篇]

　　大暑节气一般在公历 7 月 23 日或 24 日。大暑之日，太阳位于黄经120 度，入狮子宫。这天晚七点，仰望星空，北斗七星的斗柄正指向西南偏南的方向，即 210 度处，古人称为"未"的方向。

　　按农历的安排，六月为建未之月。大暑属于中气，必在六月。六月的消息卦是遯卦，四个阳爻在上，两个阴爻在下，表示阳气虽然尚处于盛期，但阴气已经上升到一定程度了。

　　大暑表示最热的时日。古代农学家解释说："大暑乃炎热之极也。"

　　大暑天的温度是否一定比小暑高呢？倒不一定。以北京为例，小暑和大暑的平均气温都是 26℃。大暑的平均最低温度比小暑高 1℃，而平均最高温度比小暑低 0.5℃。不过，由于大暑的平均相对湿度为 82%，比小暑高 7%，因而人们的感觉是大暑比小暑热。

　　大暑的十五天分为三候：初候腐草化萤，二候土润溽暑，三候大雨时行。

　　腐草就是烂草。因为萤火虫在烂草中产卵，古人就以为它是腐草所生。初候正是萤火虫繁殖兴旺之时。二候时，土地潮湿而且温度很高。三候时，常有雷阵雨，且多暴雨。

　　大暑也是田野里蟋蟀最多的季节。

三伏天热正当时
[天气篇]

夏至后第三个庚日开始进入伏天。从第三个庚日开始的十天叫头伏，从第四个庚日开始的十天叫中伏，从立秋后的第一个庚日开始的十天叫三伏，三伏合起来三十天。一般说来夏至后的第五个庚日与立秋后的第一个庚日重合。但如果夏至后的第五个庚日在立秋之前，则中伏延长十天，共二十天。这样三伏合起来就是四十天。这样规定三伏，能保证立秋前后永远是中伏。

三伏是一年中最热的日子。俗话说，热在三伏。这是为什么呢？

寒来暑往，春生夏长，秋收冬藏，这是尽人皆知的规律。之所以如此，是太阳给我们地球送来辐射热的季节变化使然。夏至时，太阳直射北回归线，北回归线以北的地方那时得到最多的热量。但是，实际情况并不那么简单。地球上的空气只能吸收少量的太阳辐射，大量的辐射到达地面，地面再用另一种波长反射辐射，这种辐射是大气的主要热量来源。地球上的大气就像一口大锅里的水，它是主要靠地面这口大锅把它"烧热"的，而"烧开"地面上的空气需要大约一个月的时间。因此，最热的时日出现在夏至以后一个月左右，也就是三伏这段时间。这时，随着太阳直射处的逐渐南移，地面吸热逐渐减少，但放出的热量仍然多于吸收的热量，因而气温在继续升高。"伏"是隐伏的意思，告诉人们天太热了，要隐伏起来，避开暑气。

从夏至到大暑，正好是一个月。因此，三伏天就在大暑节气。我们的祖先虽然不像现在这样了解太阳辐射的变化规律，但他们已从经验认识到最热的天气在大暑节气而不在夏至节气。小暑、大暑这两个节气的命名就充分说明了我们的祖先对一年中温度变化规律的深刻了解。

建议推广夏三九
[天气篇]

由于三伏是根据干支规定的，并不能保证每年最热的时日一定与三伏重合。另外，三伏总共是三十天还是四十天，也是根据干支规定的，因而认为中伏二十天的年份一定更热是没有科学依据的。

按传统三伏定义推算的每年三伏入伏日期如图 2-1 所示。1951—2050 年，三伏入伏日期最早为 7 月 11 日，最晚为 7 月 21 日，入伏日期最早与最晚之间最多可差十天。传统三伏入伏日期的平均值为 7 月16 日。

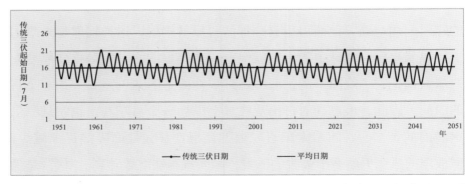

图 2-1　1951—2050 年传统三伏入伏日期 [夏江江，严中伟，周家斌."三伏"的气候学定义和区划 [J].气候与环境研究，2011，16（01）：31-38]

由上图可见，按传统三伏定义推算的每年三伏入伏日期呈周期变化，与当年气候没有关系。

能否对传统三伏定义做一些改进呢？我们对此做了一些研究。

三伏是一年中最热的一段时期。实际上，它还应当是湿度最大的一段时期，因此也是全年中感觉最闷热的时间。

我们用一种温湿指数表示闷热程度，得出每年最闷热的一段时期。

把每年的闷热时段加以平均，并对不同地方的结果进行归纳，得出江南闷热时段开始日期为 7 月 13 日，华北和江淮为 7 月 16 日。我们把由此定出的闷热时段叫作"新三伏"。

这样定出的新三伏应当能够更好地表示全年中最闷热的一段时期，可以尝试用之取代传统三伏的定义。

但是，传统三伏已流传两千多年，虽有被质疑的地方，但要将其改为新三伏，恐有相当的难度。怎么办？我们想的办法是"搬救兵"，采用与"冬九九"相对应的"夏九九"。

夏九九说的是从夏至开始，每九天为一个"九"。夏至一般在 6 月 22 日，因此夏一九为 6 月 22 日至 30 日，夏二九为 7 月 1 日至 9 日，夏三九为 7 月 10 日至 18 日，夏四九为 7 月 19 日至 27 日，夏五九为 7 月 28 日至 8 月 5 日，夏六九为 8 月 6 日至 14 日，夏七九为 8 月 15 日至 23 日，夏八九为 8 月 24 日至 9 月 1 日，夏九九为 9 月 2 日至 10 日。

夏九九和冬九九一样，也有相应的"九九歌"：

一九至二九，扇子不离手；三九二十七，吃茶如蜜汁；
四九三十六，争向街头宿；五九四十五，树头秋叶舞；
六九五十四，乘凉不入寺；七九六十三，入眠寻被单；
八九七十二，被单添夹被；九九八十一，家家打炭墼。

但是，这个夏九九名气没有传统三伏那么大。因此，我们建议花大力气把它推广到全国，用以代替传统三伏。

显而易见，夏三九开始于 7 月 10 日，与我们所说的江南新三伏开始日期 7 月 13 日接近；夏四九开始于 7 月 19 日，与华北和江淮的新三伏开始日期 7 月 16 日接近。因此，我们建议，在江南采用夏三九至夏五九这一时段的三个九天（即 7 月 10 日至 8 月 5 日），在华北和江淮采用夏四九至夏六九这一时段的三个九天（即 7 月 19 日至 8 月 14 日），用以代替传统三伏，表示全年最闷热的时期。我们可以把这三个九天统一叫作"夏三九"并进行宣传推广，逐渐淡化传统夏三伏。

雨多有弊也有利
[天气篇]

大暑节气是一年中的雨季所在，雨多了就会产生洪涝。

洪涝是洪水和涝灾合在一起的称呼。河流、海洋、湖泊和其他水体上涨越过了正常界限，就会威胁生命财产的安全。洪水因成因不同而分为暴雨洪水、融雪洪水、冰凌洪水、冰川洪水、溃坝洪水、土体塌滑洪水及风暴潮洪水等。涝灾指的是长期阴雨或暴雨后，在地势低洼地区因雨水不能迅速宣泄而使农田积水或土壤水分过度饱和而形成的灾害。山洪暴发、江河泛滥、冰雪大量融化及海水倒灌都会形成涝灾。春涝常引起小麦和油菜烂根、早衰和病害；夏涝影响夏收夏种，造成作物倒伏、秕粒和棉花蕾铃脱落；秋涝影响作物生长，减少产量，也会影响秋收和秋种。

洪涝灾害会给我们造成诸多损失，那洪涝是否就是一无是处呢？我们所说的洪涝，是指气象学家讲的洪涝，也就是雨量异常偏多。它也有积极的一面。

雨水多了，可以存在水库里。水库里的水多了，就可以发电。有了电，许多事就都好办了。大家放手用电，生产发展，生活也得以改善。水电是清洁能源，多用水电，少烧煤和天然气，可以减少环境污染，蓝天就会多起来。水库里的水多了，遇到干旱，可以放水，保证正常工农业用水、人民生活用水和生态用水。所谓生态用水，就是保证河道正常生态环境所需的水。例如，2000年黄河在大旱之年没有断流，除加强水资源科学管理的因素外，小浪底水库放水功不可没。

小暑大暑割麦忙
[农时篇]

大暑节气，温度很高，正是农作物生长最快的时期。谚语说："人在屋里热得跳，稻在田里哈哈笑。"这是说夏热对人健康不利，但水稻却求之不得。而且民间还有"三伏不热，五谷不结"的说法。但是，气温过高也会抑制作物的生长，比如水稻的结实率会下降。宋朝民歌就说得很清楚：

> 赤日炎炎似火烧，
> 野田禾稻半枯焦，
> 农夫心内如汤煮，
> 公子王孙把扇摇。

谐语说:"头伏萝卜二伏芥,三伏以内种荞麦。"大暑是播种秋菜和秋粮的好时节。

"小暑大暑割麦忙"。大暑和小暑一样,也是一个收获的节令。农民忙得"六月小暑大暑连,菜园出来去摘棉"。

大暑期间,农民还要积肥、沤肥。虽说现在化肥多了,但农家肥的优势是不可替代的。

夏季太凉了对庄稼是不利的,气象学上称为"低温冷害"。

热浪滚滚防中暑
[养生篇]

我国大陆性季风性气候显著,夏季全国气温普遍很高。最热的天气在大暑时,小暑时次热。这时候,如果待在南京、武汉、重庆这"三大火炉"所在的地方,夏天是很难熬的。人畜要防止中暑,农田要防止高温危害。

大暑节气最热,简直是热浪滚滚。气象学上还真有"热浪"这个名词。热浪指的是比较大的范围内连续数日的异常高温天气。这时候,在高气压控制下,空气下沉,温度升高,万里无云,红日高照,气温常高达35℃以上。

高温酷暑,要小心中暑。中暑是温度太高、湿度太大、太阳辐射太强引起的疾病。中暑有四种:第一种是高温环境中人体内余热太多引起的发热、头晕、头痛、烦躁不安以致昏迷;第二种是高温使人体蒸发加剧引起的面色苍白、皮肤湿冷、脉搏细弱、呼吸浅促、血压降低、神志恍惚以致昏倒；第三种是高温导致出汗，机体丧失盐分引起的肌肉抽搐和痉挛；第四种是高温时因头部受辐射热过多引起的神经症状。中暑的类型这么多，因此不能认为中暑了凉快凉快就行了。预防中暑的方法有：合理安排工作，注意劳逸结合，避免烈日暴晒，注意室内降温，保证充分睡眠，讲究饮食卫生。

夏练三伏须适度
[养生篇]

人们常说"夏练三伏"。因此，在酷热天气下锻炼，能提高人体的耐热能力，使之更好地适应炎热的气候。但三伏天常常气温高、气压低、湿度大、风速小，这种气候条件对人体健康明显不利。研究表明，当环境气温达到33℃时，人在安静状态下就会出汗，但尚能保持产热与散热的平衡。如果此时还进行体力活动，出汗量就会大增。而较高的空气湿度和较小的风速，会使汗液蒸发受阻，散热出现困难。由于体温调节受到限制，热量积蓄在体内，就可能引发全身发热、头晕、口渴、恶心等中暑症状。高温导致人体盐分流失过多，水盐代谢平衡失调，使得血液循环发生障碍，出现肌肉痉挛、尿量减少、脉搏加快等"热痉挛"症。该病也是中暑的一种。

老年人脏器功能减退，体内水分比年轻人少15%左右，因此抗热能力更差，发生中暑的概率也明显高于年轻人。在炎热天气下锻炼，会使体内的组织液和血液减少，血液浓度增高，血液黏稠度上升，如患有心脑血管疾病，就容易引发脑血栓、心肌梗死。

当最高气温在 30~33℃时，老年人要减少运动量，锻炼时间要选在凉爽的时间段，时间以半小时为宜。当最高气温在 35℃时，应停止一切活动，并多饮水。

细心调养安度夏
[养生篇]

大暑是全年气温最高、阳气最盛之时。养生法中有"冬病夏治"之说。对那些冬季易发的慢性病如慢性支气管炎、肺气肿、支气管哮喘、腹泻、风湿痹症等，此时是最佳的治疗时机。要注意细心调养，重点防治。

饮食调养是减少疾病、预防衰老的有效方法。天气炎热，易伤津耗气，可选用药粥滋补身体。药粥有益，但无通用之方，宜根据不同体质和疾病选用适当的药物。

夏季养生，补充水分十分重要。除水之外，酒、汤、果汁等亦可作为饮品，适当饮用。

盛夏阳热下降，湿气充斥，易感受湿邪，食疗药膳以清热解毒为宜。

大暑节气的推荐菜肴有：清热通窍、消肿利尿、健脾胃的清拌茄子，生津止渴、健脾清暑、解毒化湿的由豆腐、豆角、西红柿、木耳做成的炝拌什锦，清暑、解毒、利尿、生津益气的绿豆南瓜汤，清利暑热、止痢解毒的苦瓜菊花粥。注意在喝菊花粥时，忌食一切温燥、麻辣、厚腻之物。

立 秋

BEGINNING OF AUTUMN

凉风习习现秋意
［星象物候篇］

立秋节气一般在公历 8 月 7 日或 8 日。立秋之日，太阳位于黄经135 度。这天晚七点，仰望星空，北斗七星的斗柄正指向西南方，即225 度处，古人称为"坤"的方向。

立秋是反映季节和物候的节令。"立"表示开始，"秋"表示季节，"立秋"就是秋季开始的意思。古语说"秋，就也"，万物皆长成之意。所谓"立秋三日，寸草生籽"，在殷墟甲骨文中，"秋"字的形象是果实累累、谷物成熟。秋季是一个收获的季节，比如在德语中，秋和收获是同一个词。

立秋的十五天分为三候：初候凉风至，二候白露降，三候寒蝉鸣。

初候时，秋天来了，天气变凉了，连吹来的风也使人感到凉意，谚语说的"立秋凉风至"，就是这个意思。二候时，早上的露水会变成白露。寒蝉是一种青色的蝉。三候时，寒蝉到处鸣叫，使人感到秋风萧瑟。

各地入秋不同时
［天气篇］

气候学中的秋天是指候平均温度在 10~22℃的时段。

立秋节气，黄河中下游地区季节变化明显。但我国幅员辽阔，南北跨度大，各地并不是同一天进入秋季。除纬度偏北和海拔较高的地方外，立秋之日多数地方并未入秋。天气真正凉爽要到 9 月中旬。

割打收藏秋收忙
［农时篇］

立秋后多数谷物逐渐成熟，漫山遍野一片金黄色，丰收景象令人欣喜。人们经常用"金秋"这个词来赞美秋天。

谚语说："秋收四忙，割打收藏。"一句话道出了秋天农活的忙碌。

"立秋荞麦白露花""立秋栽晚谷""立秋晚稻处暑豆""立秋栽芋头，强如种绿豆""立秋早，处暑迟，立秋种薯正当时"……立秋是一个种粮的好节令。

"旱地秋季深耕田，赛过几亩水浇园"。按传统的耕作方法，立秋要深翻土地。现在提倡免耕，采用秸秆覆盖，不再深翻，以利保墒。

"立秋喜雨，白露喜晴"。立秋时下雨对庄稼非常有利。但雨水不可过多，秋涝会影响作物生长，减少产量，还会影响秋收和秋种。

阳消阴长过渡期
［养生篇］

《素问·四气调神大论》指出："夫四时阴阳者，万物之根本也，所以圣人春夏养阳，秋冬养阴，以从其根……"古人在此告诫人们，要顺应四时，遵循春生夏长秋收冬藏的自然规律。立秋是由热转凉的交接节气，也是由阳盛逐渐转向阴盛的节气，对人体就是阳消阴长的过渡时期。因此，秋季养生，凡精神情志、饮食起居、运动锻炼，皆以养收为原则。

精神方面，要做到心志安宁，心情舒畅，切忌悲忧伤感。

立秋天渐凉爽，应"早卧早起，与鸡俱兴"。此时暑热未尽，天气变化无常，即使在同一地区也会有"一天有四季，十里不同天"的情况。因此，衣着不宜太多，否则会影响机体对气候转冷的适应能力，反致受凉感冒。

秋季是体育锻炼的大好时机，可根据个人情况选择不同的项目。太极拳、养生功可谓老少皆宜。

秋季凉爽干燥，要尽量少吃葱、姜等辛味食品，适当多吃酸味水果蔬菜。有人主张食生地粥，以滋阴润燥。并可适当食用芝麻、糯米、粳米、蜂蜜、枇杷、菠萝、乳品等，以益胃生津。推荐菜肴有：滋阴益胃、凉血生津的生地粥，补脾润肺的黄精煨肘，健脾、开胃、填精、益气的醋椒鱼。

立秋西郊祭少昊
[礼仪篇]

古人在立秋时要举行迎气礼仪。

按五行学说，凡是有坚燥清肃功能的事物，都归之为金性。因而秋季归之于金，并形成与金性相应的迎秋礼仪。《后汉书》记载：

> 立秋之日，迎秋于西郊，祭白帝、蓐收。车旗服饰皆白。歌《西皓》，八佾舞《育命》之舞。

意思是说，立秋这天，在京都洛阳离城九里的西郊，设坛祭祀白帝少昊（传说中远古东夷族首领）和蓐收（蓐收为秋神，左耳有蛇，乘两条龙，为白帝少昊的辅佐神），演唱名为《西皓》的乐曲，跳名为《育命》的舞蹈。祭祀用的车马皆饰白色，祭祀者都着白衣。白色在迎秋礼仪中象征秋天。祭祀用的乐曲《西皓》，也是象征秋天的。古人认为春夏属于阳，秋冬属于阴。舞蹈《育命》属于阴，就用于迎接秋天的到来。

立秋迎气仪式之时，也是军士们开始操练、准备作战的时节。

第十四节

处 暑

END OF HEAT

暑气终止天转凉
[星象物候篇]

　　处暑节气一般在公历 8 月 23 日或 24 日。处暑之日，太阳位于黄经 150 度，入室女宫。这天晚七点，仰望星空，北斗七星的斗柄正指向西南偏西的方向，即 240 度处，古人称为"申"的方向。

　　按农历的安排，七月为建申之月。处暑属于中气，必在七月。七月的消息卦是否卦，三个阳爻在上，三个阴爻在下，表示阴气已经上升到与阳气势均力敌的程度。

　　《月令七十二候集解》说："七月中，处，止也，暑气至此而止矣。"此后我国大部分地区气温逐渐下降。处暑表示炎热的夏季结束了。

　　处暑的十五天分为三候：初候鹰乃祭鸟，二候天地始肃，三候禾乃登。

　　初候对于鹰是收获的时节，它们把击杀的飞鸟四面摆开，就像陈列祭品一样。二候时，天气渐凉，天地一片肃杀景象。三候时，作物开始成熟，庄稼开始收割。

威风不减秋老虎
[天气篇]

　　处暑节气，天气渐凉，备受酷暑煎熬的人们喜笑颜开。此时，在东亚很多地方常常出现天高云淡、月明风清、风和日丽的天气。宋代诗人陆游的诗句"四野俱可喜，最好金秋时"，就是赞美秋高气爽的。人们从闷热的夏天解放出来，心情为之一振，外出郊游，心旷神怡。金秋实在太美好了，于是人们把欢乐的晚年也常叫作金秋年华。

秋高气爽时，高气压控制，气温降低，湿度减少，凉爽宜人。可是，有时处暑后温度仍然很高。有人把它叫作"秋老虎"，这是指进入秋季以后又出现的炎热天气。它经常发生在八九月之交，可以持续一周到半个月。

"秋老虎"天气源于我国南方，指立秋以后出现的气温在35℃以上的持续性高温，北方则多采用32℃以上这一标准。当气温高于32℃时，人体通过传导、辐射、呼吸等方式排热已经无能为力了，此时只能通过排汗来散发热量。如果湿度过大，而风又小得"鹅毛不起"时，汗液蒸发也会很困难。以北京为例，"秋老虎"的标准为处暑以后连续三天日最高温度在32℃以上且日平均温度在27℃以上，同时日平均相对湿度在60%以上。

出现"秋老虎"天气的原因是副热带高压又杀了个回马枪，于是又热又闷的天气跟着来了。各年秋天不一样，今年秋高气爽，明年就可能来个"秋老虎"。有些年，当人们正沉浸在秋高气爽的舒适中的时候，"秋老虎"又跑来捣乱了。

秋雨连绵霖不完
［天气篇］

有些年，秋天雨下了不少，人们就说秋雨来了。是不是全国到处有秋雨呢？不是的。只有我国西部的某些地区才有秋雨，称为"华西秋雨"。

全国很多地方秋天一般下雨较少，常出现秋高气爽的天气；而在我国西部，如渭水流域、汉水流域、四川东部、云南东部等地，秋季的降水量一般比春季多，降水量仅次于夏季，形成一年中的第二个降水高峰。水文学家常将其称为"秋汛"。秋雨下起来常常没完没了，令人厌烦，因此也常叫作"秋霖"。

以三峡库区为例，其秋雨以绵雨为主，暴雨甚少。细雨霏霏给出行带来不便，但荡舟秋江烟雨中也别有一番情趣。再说，此处白天雨少，夜雨较多，旅游者夜间睡觉，白天游玩，岂不美哉！

人们常说"一场秋雨一场寒"，在下雨的同时，天也逐渐凉下来了。

为什么会形成秋雨呢？一是冷空气造访频繁，一是地形阻挡。俗话说，"一个巴掌拍不响"。在这些地区，常有因地形阻挡而滞留在当地的暖湿空气，一旦冷空气前来，二者一拍即合，马上就下雨了。要不然别的地方也常来冷空气，怎么就不下雨呢？

秋旱危害超春旱
[天气篇]

秋雨是不是年年会有呢？不是的。有些年就没有明显的秋雨，还有可能发生秋旱。

秋雨发生在华西。秋旱呢？可以发生在华西，也可以发生在别的地方，例如我国北方、华中和华南。有时夏天干旱，秋天又干旱，就叫作"夏秋连旱"。秋旱使夏天播种的作物和某些晚熟的春播作物不能正常灌浆成熟，因而延误秋播作物的播种和出苗。在西北和华北地区，秋旱还会使土壤水分不足，影响来年收成。谚语说："春旱不算旱，夏旱减一半，秋旱连根烂。"可见，秋旱的危害是超过春旱和夏旱的。

处暑三日抢种田
［农时篇］

处暑是一个播种的节气。谚语就有"处暑三日抢种田，早种荞麦莫偷闲""处暑萝卜白露菜，不到秋分不种麦"。

处暑也是一个收获的节气。高粱、玉米、胡麻、黍子、芝麻、棉花、枣、南瓜相继登场，农民忙得团团转，以致"秋忙，秋忙，绣女下床"。

处暑时节，庄稼很需要雨水。农谚说："千浇万浇，不如处暑一浇。"

处暑也是蟋蟀等昆虫求偶繁殖唧唧盛鸣的时节。每至夜晚，静听那悦耳的鸣叫，常给人以"天阶夜色凉如水"之感。

养生要保子午觉
［养生篇］

处暑是由热转凉的交替时期，自然界的阳气由通泄趋向收敛，人体也必须做相应的调整。进入秋季养生，首先要调整的就是睡眠时间。早睡早起和保证睡眠时间至关重要。

睡眠的养生作用有：①消除疲劳。②保护大脑。睡眠时人体耗氧量大大减少，有利于脑细胞能量的储存。③增强免疫力。睡眠时能产生更多的抗原抗体，使抵抗力增强。④促进发育。儿童的生长速度在睡眠状态下增快。⑤利于美容。睡眠状态下皮肤表面分泌和清除过程加强，毛细血管循环增强，加快了皮肤的再生。

现代医学将睡眠分为四期，即入睡期、浅睡期、中度睡眠期和深度睡眠期。老年人的气血渐亏，易出现少寐现象，因此宜遇有睡意即就枕。现代医学认为，0时（即子时）至4时体内各器官的功能都降至最低点，12时（即午时）至13时是交感神经最疲劳的时间。所以，老年人要睡好子午觉，这样可以降低心脑血管疾病的发病率。

处暑节气宜食清热安神之品，如银耳、百合、莲子、蜂蜜、黄鱼、干贝、海带、海蜇、芹菜、菠菜、糯米、芝麻、豆类及奶类。推荐的菜肴有：补肝益肾、开胸润燥的芝麻菠菜，益气宽中、生津润燥、清热解毒的青椒拌豆腐，安神养心、健脾和胃的百合莲子汤，清心安神的由百合和蜂蜜做成的百合脯。

处暑是降温幅度大的节令，要注意保暖，以防痢疾等肠胃疾病。

第十五节

白露

WHITE DEW

阴气渐重结甘露
[星象物候篇]

　　白露节气一般在公历9月7日或8日。白露之日，太阳位于黄经165度。这天晚七点，仰望星空，北斗七星的斗柄正指向西偏南的方向，即255度处，古人称为"庚"的方向。

　　露水是由于温度降低，水汽在地面或近地面物体上凝结而成的水珠。《月令七十二候集解》中对白露的解释是"阴气渐重，露凝而白也"。在白露节气，白天阳光下天气尚暖，但太阳一落，气温很快下降，空气中的水汽遂凝结成晶莹剔透的水珠，附着在花草树木上，煞是好看，"白露"也因此得名。

　　露水在晴朗无风的夜间或者清晨容易出现。露水的水量虽然不多，但在少雨地区和干旱季节，它对植物的生长是有利的。"甘露"就是人们对露水的赞美词。古人把露水视为"无根水"，认为可以延年益寿，还专门制造承露盘收集露水。《资治通鉴》卷二十提到汉武帝元鼎二年（前115年）有记载："春起柏梁台，作承露盘，高二十丈，大七围，以铜为之，上有仙人掌，以承露，和玉屑饮之，云可以长生。"后来还形成了一个叫作《金人捧露盘》（又名《铜人捧露盘》）的词牌名。至今北京北海公园的琼岛还有清代乾隆皇帝依此典故仿制的仙人承露盘。

　　白露的十五天分为三候：初候鸿雁来，二候玄鸟归，三候群鸟养羞。

初候时，鸿雁来了，所以有"八月雁飞来，雁儿脚下带露来"之说。玄鸟就是燕子，二候时，燕子由北向南飞去。三候时，各种鸟类都增生羽毛以备御寒。

同是白露节气，北方已出现露水，杜甫吟出了"露从今夜白，月是故乡明"的诗句，以思念在安史之乱中离散的兄弟。而南方有些地方仍然花香四溢，有"白露时分桂飘香"之说。

白露忙收又忙种
[天气农时篇]

白露时，长江中下游秋高气爽，而四川盆地则秋雨连绵，唐诗形容为"秋霖近漏天"。

秋风萧瑟，露珠皓洁，万物随之衰落。多愁善感的文人竞相悲叹，把秋天写得凄凄惨惨、悲悲切切。其实，民间的秋天是欢乐的。同样是秋风，农民看到的是"秋风凉，庄稼黄""七月核桃八月梨，九月柿子红了皮"，因而"八月白露又秋分，秋收秋种闹纷纷"。

秋收秋种还有些什么事呢？"白露高粱秋分豆""白露前后看，莜麦荞麦收一半""白露看花，秋分看瓜""山红皂角黑，眼看就种麦""蚕豆不要粪，只要白露种""不到白露不栽蒜"……看来，农活多得很呢！

食疗药疗防秋燥
[养生篇]

入秋以后，天气渐凉，昼夜温差变大，容易引发头痛、咽干、咳嗽、中风、支气管炎、鼻腔疾病、哮喘病、胃病等疾病。要科学安排衣食住行，避免天气变化对健康的不利影响，安全度过"多事之秋"。饮食宜清淡、易消化且富含维生素。

现代医学认为，蛋白质和碳水化合物缺少会引起肝功能障碍，缺少某种维生素会引起夜盲症、脚气病、口腔炎、坏血病、软骨病等，缺少微量元素钙会引起佝偻病，缺少磷脂会引起神经衰弱，缺少碘会引起甲状腺肿，缺少铁会引起贫血，缺少锌和钼会引起身体发育不良等。因此，要特别注意食物的全面搭配，保证营养均衡。

食物是营养、保健、预防、医疗之必需。我国中医早在一千多年前就有用动物肝脏预防夜盲症，用海带预防甲状腺肿，用谷皮、麦麸预防脚气病，用水果、蔬菜预防坏血病的记载。就连我国著名科学家屠呦呦获得诺贝尔生理学或医学奖的青蒿素制作方法，也受到了先秦医方书《五十二病方》和东晋方士葛洪所撰的中医方剂《肘后备急方》的启发。

入秋时衣着以少为宜，适当"春捂秋冻"，以提高耐寒能力。起居上，宜早睡早起，缓和气候对人体的影响。

医学专家指出，对人体适宜的湿度是 45%~65%。这个时节，北方地区室内湿度可降至 30% 左右，人容易出现口干舌燥、唇干、鼻干、咽干、皮肤紧绷、声嘶咳嗽、尿少便秘等现象，这就是所谓"秋燥"。秋燥还会引发过敏和流行病，导致儿童患哮喘、肺气肿、支气管炎等疾病，女性容易水分过度流失，加速衰老。秋燥引起的静电会导致身体不适。秋燥还会使家具、乐器开裂损坏。

如何应对秋燥呢？首先是补水。补水要科学，每天以两升水为宜，不宜猛喝。还可适当多吃一些富含维生素的食品。芝麻、糯米、粳米、蜂蜜、乳制品皆有润喉作用。宜增加鸡、鸭、牛肉、猪肝、鱼、虾、大枣、山药等，有利于增强体质。同时，要少食辣椒、生姜、葱、蒜等辛辣食品。

推荐的食疗菜肴有：清润肺燥、止咳消炎的莲子百合粥，补肺益气、化痰止咳的柚子鸡，对老年人和妇女补气养血、平喘止带有益的银杏鸡丁，健脾胃、补肝肾的香酥山药。

秋 分

AUTUMNAL EQUINOX

阴阳平衡到尽头

[星象物候篇]

秋分节气一般在公历 9 月 23 日或 24 日。秋分之日，太阳位于黄经 180 度，入天秤宫。这天晚七点，仰望星空，北斗七星的斗柄正指向西方，即 270 度处，古人称为"酉"的方向。

按农历的安排，八月为建酉之月。秋分属于中气，必在八月。八月的消息卦是观卦，两个阳爻在上，四个阴爻在下，表示秋分时阴阳平衡已到尽头，阴气开始上升。

秋分的"秋"表示季节，"分"表示划分。

《群芳谱》说："分者半也。"秋分时，秋季九十天正好过了一半。秋分时，昼夜长度相等，不冷不热，阴阳各半。

古人在秋分之日，用土圭测影，测得影长七尺二寸四分，与春分时一样长。秋分这天，太阳光直射处由北半球移到赤道，世界各地昼夜平分。

秋分的十五天分为三候：初候雷始收声，二候蛰虫坯户，三候水始涸。

初候时，雷声逐渐消失，如此后再闻雷声，就可能是气候反常。二候时，蛰伏的动物都藏在洞穴口上，准备过冬了。三候时，阳气衰，阴气盛，河流也开始干涸了。

秋风渐凉扫落叶
[天气篇]

秋分过后气温一天天下降，雨水逐渐减少。

秋分时，气候宜人，凉而不冷，实际上是真正的金秋到了。同时，"秋风萧瑟天气凉，草木摇落露为霜"，花要谢了，叶要黄了，秋风扫落叶，严冬正一天天逼近。

唐朝诗人杜甫在《茅屋为秋风所破歌》中写道："八月秋风高怒号，卷我屋上三重茅，茅飞渡江洒江郊，高者挂罥长林梢，下者飘转沉塘坳。"秋风之厉害跃然纸上。

秋收秋种好时节
[农时篇]

秋分是收获的时节，正如农谚所说，"秋分必见糜子，寒露不见谷子""秋分收稻，寒露烧草""秋分前后割高粱"。

秋分又是秋耕秋种的时节，在华北是"秋分种麦正当时"，而在江南则是"秋分天气白云来，处处好歌好稻栽"。

全面膳食阴阳平
[养生篇]

秋分节气，昼夜相等，阴阳各半，养生要注意保持身体的阴阳平衡。

首先是培养乐观情绪，保持神志安宁，适应秋天平容之气。同时可在秋高气爽之日登高远眺，既能强身健体，又能使人心旷神怡。

在饮食调节上，也要以阴阳平衡为出发点，将饮食分为宜与忌。有利于阴阳平衡者为宜，否则为忌。不同的人有不同的宜和忌。对阴气不足、阳气有余的老年人，宜忌食大热滋补之品；对儿童，如无特殊原因，不宜过分进补；对痰湿之人，宜忌食油腻；对易上火的人，宜忌辛辣；对患有皮肤病、哮喘病的人，宜忌食虾、蟹等海产品；对胃寒的人，宜忌食生冷食物。

中医强调药食一体的营养观，把乌鸡、羊肉、驴皮、葱、姜、枣等视为补气补血、调补胃气之品。在大量食谱和菜肴中，又常用枸杞、淮山药、黄芪、茯苓、丁香、豆蔻、桂皮等。

秋分推荐的菜肴有：益阴补髓、清热散瘀的油酱毛蟹，清热消痰、祛风脱毒的海米炝竹笋，补脾消食、清热生津的甘蔗粥。

第十七节

寒露

COLD DEW

露气寒冷结为霜
[星象物候篇]

寒露节气一般在公历 10 月 8 日或 9 日。它是一个反映温度变化的节令。寒露之日，太阳位于黄经 195 度。这天晚七点，仰望星空，北斗七星的斗柄正指向西偏北的方向，即 285 度处，古人称为"辛"的方向。

寒露表示天气转凉，露气寒冷，将要凝结为霜了。

寒露的十五天分为三候：初候鸿雁来宾，二候雀入大水为蛤，三候菊有黄花。

初候时，大雁从北方向南飞来了。二候时，雀投入水中变成了蛤蜊。这是古人的说法，没有科学依据。三候时，秋菊开出了黄花。实际上，经过国人多年的不断培育，现在的秋菊花色已经是五彩纷呈了。

低温伤禾寒露风
[天气农时篇]

寒露节气，气候继续变凉，冷空气常常南下。在我国南方出现损伤庄稼的低温天气，大气科学中称为"寒露风"。

寒露风会影响水稻开花、授粉、受精和灌浆过程的正常进行，造成稻谷的秕粒率增加，穗子轻、翘起（俗称"翘穗头"），导致水稻减产。

寒露节气，黄河流域的秋收秋种已经到了扫尾阶段，长江流域晚稻即将成熟，华南地区正在收割中稻、晚玉米、夏甘蔗。农谚告诉我们"寒露高粱到了家，秋分豆子离了洼""九月寒露霜降到，摘了棉花收晚稻""九月寒露霜降，油菜麦子种到坡上""寒露蚕豆霜降麦，种了小麦种大麦"。

热冷交替重养阴
［养生篇］

寒露是热与冷交替季节的开始。中医强调"春夏养阳，秋冬养阴"。气候变冷，人体阳气收敛，阴精潜藏于体内，故应以保养阴精为主，遵守"养收"这一原则。

日照减少，风起叶落，一些人会生凄凉之感。要注意保持良好心态，乐观豁达，正所谓"自古逢秋悲寂寥，我言秋日胜春朝"。要调整起居，早睡早起。

寒露节气在秋冬之交，天气变化无常，是各种疾病的多发时节，应特别注意保健养生。要增加酸性食物，多食润肺食物，少食辛辣食品，以防秋燥，以养肝气。要注意进补，多饮开水、豆浆、牛奶，多吃水果。建议多喝养阴润肺、健脾和胃的百合莲子银杏粥。

在秋季天气变冷之时，患脑血栓的病人会增加，这与天气寒冷、人们的睡眠增多有关。因为在睡眠中血流速度减慢，易于形成血栓。因此，老年人在秋季要特别注意调养，保证健康。

寥廓江天万里霜

[节日篇]

寒露前后，有一个重要的节日——重阳节。

重阳之说，来自《易经》中"以阳爻为九"之说。《易经》以一、三、五、七、九等单数为阳数，而"九"为阳之极。九月九日，两阳相叠，故名"重阳"。九为最大的个位数，又与"久"谐音，故被视为吉利之数。屈原《楚辞·远游》中说："集重阳入地宫兮，造旬始而观清都。"意思就是来到九重天，进入太微宫，造访旬始星，到玉帝所居之地清都参观。看来，重阳节在战国时期已经出现。汉代时，过重阳节的习俗已日渐流行。

传说汉代京城长安近郊有一高台。每逢重阳，人们即登上高台，游玩观景，从此重阳登高日渐流行。登高时人们把茱萸插在头上，在高处喝菊花酒，吃蒸糕。唐朝诗人王维十七岁时的诗作《九月九日忆山东兄弟》曰：

> 独在异乡为异客，每逢佳节倍思亲。
> 遥知兄弟登高处，遍插茱萸少一人。

诗人当时独在异乡，每到节日，分外想念亲人。遥想今日重阳节，远方的兄弟登高望远，满山遍野遍插茱萸，却唯独没有远方的我——这个对你们无限思念的兄弟。

毛泽东的词《采桑子·重阳》中说：

人生易老天难老，岁岁重阳。今又重阳，战地黄花分外香。
一年一度秋风劲，不似春光。胜似春光，寥廓江天万里霜。

这首词写于1929年10月，正是革命处于困难境地的时候。在词中，转战南北的革命家诗人，面对遍地黄色的菊花，一派胜似春光的秋色，充满豪情壮志，统率千军万马，为国为民奋勇向前。

古代重阳时要把已嫁之女接回娘家，故重阳节又称女儿节。有的地方还喜欢骑马射箭。现在，重阳节已被定为老人节。我国已经进入老龄化社会，重阳节前后是敬老爱老活动的高潮。

"寒露，寒露，遍地冷露"。寒露节气时，天气凉了，树叶黄了。在这万木凋零之时，唯独菊花以它多彩的丰姿，怒放于飒飒秋风之中，给大地添了活力，给人间添了喜气。因此，农历九月亦称"菊月"。世界上的花朵千千万，只有菊花获此殊荣。各地都有赏菊的习俗，特别是重阳节时人们的热情最为高涨。很多地方举行菊展，五光十色的菊花争奇斗艳，美不胜收。

除了赏菊，重阳时节，无论男女老少，还会登高望远，欣赏大自然的美景，健身聚会，饮菊花酒、菊花茶，尽享天伦之乐。菊花酒有明目、治头昏、降血压、解饥消渴之功。菊花茶有散风清热、清肝明目、解毒消炎等作用。

霜 降

FROST'S DESCENT

白霜并非从天降

霜降节气一般在公历 10 月 23 日或 24 日。霜降之日，太阳位于黄经 210 度，入天蝎宫。这天晚七点，仰望星空，北斗七星的斗柄正指向西北偏西的方向，即 300 度处，古人称为"戌"的方向。

按农历的安排，九月为建戌之月。霜降属于中气，必在九月。九月的消息卦是剥卦，一个阳爻在上，五个阴爻在下，表示阴气已经很盛了。

霜降的十五天分为三候：初候豺乃祭兽，二候草木黄落，三候蛰虫咸俯。

豺，黄色，似狗而尾长于狗。初候时，豺捉到野兽后四处摆开，像祭祀一样。二候时，草木黄了，落了。三候时，蛰伏的动物都藏到了洞里，封严了洞口。

霜降表示天气寒冷，开始有霜了。霜也称白霜，是近地面层空气中的水汽直接凝华在温度 0℃以下的地面或地物上的白色松脆冰晶（物质从气态直接转化成固态叫凝华）。有时先凝成露，当温度下降到 0℃以下时形成冰珠，这也是霜的一种。霜通常出现在无云、静风或微风的夜间或清晨，有时也出现在傍晚和白天。有白霜，有没有黑霜呢？有的。当地面温度下降到 0℃以下但又没有结霜，就称为黑霜。所以黑霜其实是无霜，但地面温度在 0℃以下。

由此可见，白霜是水汽在地面或地物上凝华的产物，而黑霜则仅仅是地面温度下降的表现。二者都形成于地面附近，而不是从天上降下来的。古书说："九月中，气肃而凝，露结为霜矣。"现在看来是不正确的。

因此，"霜降"这个名称不够确切。我们把这一节的标题命为"白霜并非从天降"，就是为了强调这一点。

月落乌啼霜满天
［天气篇］

一年中秋季第一次出现的霜称为初霜，来年春季最后一次出现的霜称为终霜。从终霜出现到初霜到来的时段称无霜期。无霜期长短是一个地区气候状况的重要指标，对农业生产十分重要。气候非常温暖的地区常年无霜。"霜见霜降，霜至清明"。黄河中下游地区初霜一般在10月中旬到11月初，终霜在4月上旬，与谚语说的一致。

到了霜降，万木凋零，但也有不怕霜的，枫树和黄栌就是，且霜愈浓色愈艳、形愈美。

唐朝张继有一首题为《枫桥夜泊》的诗：

> 月落乌啼霜满天，江枫渔火对愁眠。
> 姑苏城外寒山寺，夜半钟声到客船。

枫桥在今江苏苏州西部。姑苏即苏州，寒山寺在苏州城西十里。初冬之夜，月亮西落，秋霜弥漫高天。一片宁静，只有乌鸦在啼叫，江边的枫叶若隐若现。江中的渔火勾起漂泊在外的诗人的无限愁怀。寒山寺的钟声传到独宿江上的诗人耳里，凄清风物产生的愁思使诗人难以安眠。同样是秋天的枫叶，在不同境遇中的人会产生不同的感叹。

作物收获防冻害
[农时篇]

霜降是收获的季节。谚语说，"有稻无稻，霜降翻倒""霜降起葱，不起就空""霜降打柿子，立冬打软枣"。

白霜和黑霜都会造成农作物的冻害，统称为霜冻。霜冻常使大豆、棉花幼苗和甘薯叶子受害，也会在冬小麦拔节和开花期危害其叶子，甚至造成不育。

霜降时，麦苗出头了。这时要注意抓好兴修水利，积好肥。

秋季养生宜平补
[养生篇]

霜降意味着秋天的结束、冬天的逼近，这时可能会骤然降温。人体机能对气候变化的不适应会产生生理性失调，容易诱发咳嗽、支气管哮喘、流行性感冒、青光眼、关节痛等疾病。对老年人来说，秋冬季气温低，湿度小，皮肤腺分泌皮脂少，容易发生皮肤瘙痒症。因此，在这时应多喝水，多吃水果、蔬菜，少吃辛辣食物。

按照中医养生学的观点，在秋季要以平补为原则，在饮食进补中要注意食物的性味，多食平性食物。

　　现在介绍几种秋季适宜的水果、干果、蔬菜和菜肴。梨性凉、味甘微酸，有生津、润燥、清热、化痰的功效。苹果性凉、味甘，有生津、润肺、消食、止咳的功效。橄榄性平、味甘酸，有清肺、利咽、止咳、解毒的功效。白果性平、味甘涩苦，有敛肺气、定咳喘、缩小便、止带滞的功效。洋葱性温、味辛，有清热、化痰、降脂、降糖的功效。雪里蕻性温、味辛，有宣肺豁痰、温胃散寒的功效。白果萝卜汤有固肾补肺、止咳平喘的功效。

立冬

BEGINNING OF WINTER

冬季未必同时到
[星象物候篇]

立冬一般在公历11月7日或8日。立冬之日，太阳位于黄经225度。这天晚七点，仰望星空，北斗七星的斗柄正指向西北方，即315度处，古人称为"乾"的方向。

"立"表示开始，"冬"表示季节。所以，立冬是冬季开始的意思。冬天的特点是严寒，所以也叫"严冬"。

立冬的十五天分为三候：初候水始冰，二候地始冻，三候雉入大水为蜃。

初候时，水开始结冰。二候时，地开始封冻。雉是野鸡，蜃是蛤蜊。三候时，野鸡钻入河中变成了蛤蜊。这是古人的说法，没有科学依据。

我们在讲立春节气时曾经说，立春之后，温度仍然很低，人们感觉还很冷，即所谓"春寒料峭"，因而对我国大多数地方来说，可以说是"立春不见春"。那么，立冬之后是否天气依然相当暖和，因而"立冬不见冬"呢？

气候学中，冬天是指候平均温度在10℃以下。我国地域辽阔，各地气候差异很大，冬季并非同时到来，有的地方甚至没有冬天。但对我国北方来说，许多地方在立冬之前气温就已经在10℃以下了。以北京为例，一般在10月底就已经进入冬天了。因此可以说，立冬对北方许多地方来说已经是名副其实的入冬了，而且立冬前几天就已经入冬了。所以说立冬就入冬是一点也不过分的。

我国疆域辽阔，虽然黄河流域四季分明，但并非全国如此。福州以南就没有冬季，"草经冬不枯，花非春亦放"，昆明四季如春。哈尔滨则号称"冰城"，秋冬来早春来迟。

人们非常喜欢春天的温暖，那是万物生长的季节。可是，冬天已经来临，春天还会远吗？

寒潮突袭骤降温
[天气篇]

立冬之后，冷空气经常造访。寒潮突袭，气温骤降时有发生。大气科学中规定的寒潮的标准是 24 小时内一个地方降温 10℃以上，并且日最低气温在 5℃以下。若达不到这一标准，则根据降温程度分别称为强冷空气活动或冷空气活动。在天气图上，寒潮是一个冷高压，一圈又一圈的等压线包围着高压中心，是一个占据数千千米的大块头，给人一种大兵压境的感觉。

1968 年 11 月 6—8 日，强寒潮奔袭北京，最高气温从一下子从16.4℃降到 0.4℃，最低气温从 4~5℃降到 -7~-8℃。七八级大风一连刮了两三天。强降温把当时北京人的"当家菜"大白菜冻得邦邦硬。更糟糕的是，没几天老天爷又猛升温。这下大白菜扛不住了，一冻一化烂了几亿斤。这使得当年冬春两季北京人吃菜非常紧张。春节时，市政府为了保证市民吃上饺子，不得不向兄弟省市求救。

1979 年 11 月初，北京艳阳高照，暖风习习，最高气温达到 15~16℃，最低气温也在 4℃以上。谁知到了 11—14 日，一场突如其来的大风使气温突降，最低气温到了 -8.5℃。短短两三天就由秋高气爽变成了数九寒天。寒潮不仅冻坏了数亿斤大白菜，而且使医院人满为患，药品脱销。

2003 年 11 月 6 日的北京，立冬在即，一场大雪不期而至。这是京城当年冬天的首场大雪。这次雨雪持续 30 小时，降水量普遍达到 20 毫米，其中大兴区和平谷区多达 35 毫米，全市积雪深度达到 10 厘米。

雪后最低温度降低，达到 −4℃。虽然大路上的雪由环卫工人连夜清除，对交通影响不大，但在一些道路边缘和偏僻路段，仍出现了"地穿甲"现象，道路结冰依然严重。特别是那些一段段、一块块的"贼冰"，不易引人注意，引发了多起交通事故。

这次降雪时还出现了雷电交加的现象。11 月 6 日傍晚，北京市上空被几千米厚的云层覆盖，云中充满雨滴、雪和冰晶，再加上打雷，使有线电视信号强烈衰减，图像中断。大树遭到雷劈，树心烧成焦黑色。这在北京的初冬实属罕见。

这场雪造成的最大灾害是压垮了 1347 万棵树，是中华人民共和国成立以来北京最惨重的树木灾害，造成直接经济损失 1.1 亿元。这场降雪为什么会造成这么大的损失呢？据专家分析，是这场雪为湿雪所致。树枝挂满湿雪，许多树枝不堪重负而被压断。这种湿雪含水量大，分量重，再加上当年秋季雨水丰沛，树木疯长，树枝发脆，导致在大雪重压下折断。

唐代诗人白居易的题为《夜雪》的诗曰：

已讶衾枕冷，复见窗户明。

夜深知雪重，时闻折竹声。

诗里说，作者惊奇地感到被子和枕头的寒冷，起床后发现窗外白茫茫一片。原来大雪纷飞，还不时传来竹子折断的声音。

经历过 2003 年 11 月 6 日北京的大雪后再读此诗，应该会觉得这就像是对那场雪灾的描写。

割禾收菜备来年
[农时篇]

立冬是一个收获的节令。比如"立冬三日割迟禾""立冬出萝卜，小雪收白菜"。不过，按传统农业的安排，立冬已到了农闲季节。农民除了做些来年生产的准备外，就是开展各种文化活动了。

冬季晨练非良策
[养生篇]

立冬到，健康很重要。天气寒冷，容易诱发老年人心肌梗死、中风、青光眼等。冬天寒冷，要注意保暖，以防冻伤。

随着生活水平的不断提高，人们越来越重视强身健体。晨练是备受欢迎的一种健身方式。许多人不分春夏秋冬，一概闻鸡起舞。即使在寒风刺骨的冬天，也是清晨外出，照练不误。其实，冬季晨练并非良策。

我国医学经典《黄帝内经》说："冬三月，此谓闭藏。水冰地坼，无忧乎阳，早卧晚起，必待日光……"意思是说，冬三月正是万物收藏潜伏的季节，天寒地裂，滴水成冰。人体的养生要着重于保护阳气，宜早睡晚起，以待阳光。冬季锻炼应选择在有太阳照射的时候，不宜在黎明之前。看来，"日出而作，日落而息"，这条祖训是有它的科学道理的。

早晨五六点钟，气温很低，老年人的心脑血管容易因低温引起痉挛，也容易导致处于供血边缘地区的手足和耳朵冻伤，还容易因手足不够灵活和地面结冰而造成摔伤。

现代科技证明，早上的空气往往含氧量最少，且污染最为严重。绿色植物只有通过光合作用才能吸收二氧化碳并放出氧气。早上太阳未出来时，植物没有光合作用或者光合作用极其微弱。此时绿色植物不但不能吸收二氧化碳并放出氧气，反而吸收氧气并放出二氧化碳。因此，越是有绿树、草坪、花丛的地方，空气中氧气比例越低。

清晨时，城区上空容易出现逆温层。大气下层通常温度随高度降低，而出现逆温层时则一反常态，下冷上暖，非常稳定。这种逆温层像一个锅盖一样罩住大地，使近地面层中的污染物无法向高层扩散，因而使地表空气浑浊不堪。

空气中的负氧离子有益于人体健康。当一立方厘米空气中含有十万个至百万个负氧离子时，还有利于防治疾病。因此，空气中的负氧离子被誉为空气的维生素。但早晨空气中的负氧离子的含量要比午后少 20%。

由此可见，冬季早晨不适宜进行户外锻炼，以午后锻炼为宜。但中午健身有诸多不便。因此，专家建议，以选择在早上 9—10 时锻炼为宜。

进补不能一刀切
[养生篇]

冬季饮食调养要遵循"秋冬养阴"的原则，"虚者补之，寒者温之"。少食生冷，但也不宜燥热。要有的放矢地食用一些滋阴潜阳、热量较高的食品，以增强抗寒能力，减少感冒的发生。可多吃些羊肉、牛肉、狗肉、乌鸡、鲫鱼、虾、胡萝卜、红枣、萝卜、木耳等，同时要多吃新鲜蔬菜和水果，以免维生素缺乏。

我国幅员辽阔，地理环境各异，人们的生活方式各不相同。同属冬令，西北地区天气寒冷，宜进补大温大热之品，如羊肉、牛肉、狗肉等。而长江以南，气温较西北温和得多，进补时以清补甘温之味为主，如鸡、鸭、鱼类。地处高寒山区，雨量较少且气候干燥之处，则以补润燥生津之品如水果、蔬菜、冰糖为宜。另外，进补还应因人而异。少年重养，中年重调，老年重保，耄耋重延。故冬令进补应根据具体情况选择清补、温补、小补、大补。千万不能一刀切，盲目进补。

专家推荐的男女老幼皆宜的温补食品有：补益肝肾、滋养五脏的黑芝麻糊，补虚益精、滋阴助阳的虫草炖老鸭，健脾开胃、生津止渴的番茄炒糖藕。

民间还有一首"神仙粥"歌："一把糯米煮成汤，七个葱头七片姜，熬熟兑入半杯醋，伤风感冒保安康。"

立冬北郊祭颛顼
［礼仪篇］

古人在立冬时要举行迎气礼仪。

按五行学说，凡是有寒润下行功能的事物，都归之为水性。因而冬季归之于水，并形成与水性相应的迎冬礼仪。

《后汉书》记载：

立冬之日，迎冬于北郊，祭黑帝、玄冥。车旗服饰皆黑。歌《玄冥》，八佾舞《育命》之舞。

意思就是，立冬这天，在京都洛阳离城六里的北郊，设坛祭祀黑帝颛顼和玄冥（玄冥为颛顼的佐神，名禺强，又作禺京，字为玄冥，是雨师，实为海神兼风神），演唱名为《玄冥》的乐曲，跳名为《育命》的舞蹈。祭祀用的车马皆饰黑色，祭祀者都着黑衣。黑色在迎冬礼仪中象征冬天。祭祀用的乐曲《玄冥》，也是象征冬天的。古人认为春夏属于阳，秋冬属于阴。舞蹈《育命》属于阴，就用于迎接冬天的到来。

第二十节

小雪

MINOR S

阴气处于全盛期
[星象物候篇]

　　小雪一般在公历 11 月 22 日或 23 日。小雪之日,太阳位于黄经 240 度,入人马宫。这天晚七点,仰望星空,北斗七星的斗柄正指向西北偏北的方向,即 330 度处,古人称为"亥"的方向。

　　按农历的安排,十月为建亥之月,亦称亥月。小雪属于中气,必在十月。十月的消息卦是坤卦,全为阴爻,表示阴气处于全盛时期。

　　小雪表示天气寒冷开始降雪了。雪小,地面上无积雪,就是"小雪"这个名字的本意。所谓"气寒而降雪矣,地寒未甚而雪未大也"。

　　小雪的十五天分为三候:初候虹藏不见,二候天气上腾地气下降,三候闭塞成冬。

　　初候时,彩虹消失不再出现了。二候时,气温下降,大地冰冻。三候时,地冻得越发坚实,冬季的景象更明显了。

雪花并非仅一种
[天气篇]

　　说到这里,我们要说一说雪。

　　雪可分为小雪、中雪和大雪。大气科学规定,24 小时降水少于 2.5 毫米为小雪,2.5~4.9 毫米为中雪,5.0~9.9 毫米为大雪,超过了 10 毫米为暴雪。

我们在讲到雨水节气时提到过大气科学关于雨的规定，一比较就可以看出，关于小雪、中雪、大雪和暴雪的规定要比关于雨的规定简单些，相应档次的小雨、中雨、大雨和暴雨的标准要高些。这是因为降雪发生在冬季，相应的降水量难得很大，因此我们只好降格以求了。事实上 5 毫米的雨在夏天不算什么，而 5 毫米的雪在冬天就不可同日而语了。

小雪节气开始降雪，只是黄河流域的节令。在东北和内蒙古，早在一个月前就下雪了。长江以南，要在一个月以后才见雪。而岭南大地，则终年无雪。当然，这说的都是气候平均情况。各年气候不同，雪也会早来或者迟到的。

以北京为例，头场雪一般在 11 月下旬前后，也就是小雪节气。最后一场雪多在 3 月中旬前后，就是惊蛰和春分之间。平均降雪期大约110 天。

雪无论多小，都不失它皎洁轻盈的品格。雪有板状的，星状的，抑或柱状的，但无论哪种，其基本形态仍然是六角形的。

和很多事情一样，雪也是来得早不如来得巧。立冬节气下雪，属于来得早。小雪节气下雪，就是来得巧。雪来得早了，树木还没有迎接大雪到来的准备，仍然枝繁叶茂，还在尽情展示自己的风采，突然湿漉漉的大雪从天而降，全落在树枝上，树就被压垮了，就如我们前面提到的2003 年 11 月的北京大雪。而到小雪节气，树叶已经落尽，挺拔的树干和光秃秃的树枝接不了多少雪，而庄稼又直等着大雪来盖被子呢！冬天下雪还可以消灭病虫害，当然是多多益善。

冬降瑞雪兆丰年
[农时篇]

小雪节气，菜农是会有收获的。农谚告诉我们："小雪铲白菜，大雪铲菠菜。"

雪兆丰年。小雪节气雪下得多，收成就会好。所以就有俗语"十月小雪雪满天，明年必定是丰年""入冬雪盖三层被，来年枕着馒头睡"。

愉悦调神治抑郁
[养生篇]

小雪天气时常阴冷晦暗，人们的心情也容易受其影响。特别是患有抑郁症的人，容易加重病情。秋季，人脑内 5- 羟色胺最少，当日照时间减少时，容易引起抑郁症患者病情加重，随之出现多梦、失眠、早醒、乏力、食欲不振、烦躁、焦虑、悲观、沮丧、厌世等一系列症状，也有少数病人嗜睡、暴饮暴食。抑郁症还会导致全身不适、心悸、憋闷、呼吸困难、胃肠道不适、腹胀等。

管子有一个愉悦调神法，他说："凡人之生也，必以其欢。忧则失纪，怒则失端。忧悲喜怒，道乃无处。"患有轻度抑郁症者，要调节自己的心态，保持乐观，节喜制怒，经常参加户外活动以增强体质，多晒太阳以保持脑内 5- 羟色胺的稳定，缓解抑郁情绪，多听音乐以增加生活的乐趣。患有重度抑郁症者，要及时就医。

医学家孙思邈在《千金方·食疗篇》中说："食能祛邪而安脏腑，悦神，爽志，以资气血。"下面推荐一些对治疗抑郁症有作用的饮食：水果首选香蕉，饮品首推荸荠豆浆饮，菜肴可选芹菜炒香菇、玫瑰烤羊心和芝麻兔。

小雪节气天很冷，要注意保健。要随天气变化增减衣服，以防冻伤。人体受到强冷空气刺激后，交感神经兴奋，末梢血管收缩，外周血管阻力增强，会使血压升高。血管扩张因子减弱，收缩因子增大。由于儿茶酚胺分泌增多，会促使血小板凝聚形成血栓，甚至导致心肌梗死，此类患者尤其要注意保健。

第二十一节

大雪

MAJOR SNOW

老虎荔枝乐开怀
[星象物候篇]

大雪一般在公历12月7日或8日。大雪之日，太阳位于黄经255度。这天晚七点，仰望星空，北斗七星的斗柄正指向北偏西的方向，即345度，古人称为"壬"的方向。

大雪表示天气更冷，就要大雪纷飞了。

大雪这个节气在二十四节气中命名最晚，到《淮南子·天文训》中才出现了它的名字。尽管它的资历较浅，但却是一名定终身，而且这个名字也已经使用了超过两千年。

大雪的十五天分为三候：初候鹖鴠不鸣，二候虎始交，三候荔挺出。

鹖鴠是一种山鸟。初候时，鹖鴠不叫了。二候时，老虎开始交配。三候时，荔枝出了新芽。

由此看来，并不是所有的动植物都在冬天蛰伏，也有特别喜欢冬天的，老虎和荔枝就是。大雪节气来到，老虎、荔枝乐开了怀。荔枝在广东、福建栽培较多，是南方特产果树。荔枝在大雪的第三候长出新枝，看来与南方的冬天不太冷有关。

严冬暴雪成灾害
[天气篇]

大雪也有干坏事的时候，那就是雪灾。雪灾对牧区危害最为严重。

发生暴风雪时，出牧在外的人和牲畜睁不开眼，辨不清方向。牲畜因受惊吓收拢不住，被迫顺风奔跑，以致常常摔伤、冻伤、冻死。大风还常把高处和迎风坡的雪吹到低处和背风处，造成很深的积雪，雪深可达数丈。雪灾堵塞道路，阻断交通，给人们的生活造成困难，使牲畜无法觅食。如果雪灾与沙尘暴同时发生，损失就会更大。

大雪三白定丰年
［农时篇］

"大雪三白定丰年""十一月下场雪，送给麦苗一床被"。大雪节气，天气寒冷。麦苗盖上一条雪被，就不用发愁冻坏了。

大雪纷飞，庄稼人乐了，喜欢观赏雪景和雪上运动的人也乐了。大雪还给诗人和政治家带来了激情，古今中外吟咏雪景的诗歌数不胜数。让我们在这里引一首毛泽东题为《沁园春·雪》的词：

北国风光，千里冰封，万里雪飘。望长城内外，惟余莽莽；大河上下，顿失滔滔。山舞银蛇，原驰蜡象，欲与天公试比高。须晴日，看红装素裹，分外妖娆。

江山如此多娇，引无数英雄竞折腰。惜秦皇汉武，略输文采；唐宗宋祖，稍逊风骚。一代天骄，成吉思汗，只识弯弓射大雕。俱往矣，数风流人物，还看今朝。

大雪进补正当时
[养生篇]

大雪节气，天寒地冻，到了"进补"的大好时光。所谓"补"，并不只是吃点营养价值高的东西，用点壮阳的补药，其实这只是进补的一个方面，而进补则是养生学的一个分支。何谓"养生"？所谓"养"，就是保养、调养、培养、补养、护养；所谓"生"，就是生命、生存、生长。具体来说，就是通过养精神、调饮食、练形体、慎房事、适寒温来综合调养，以达到强身益寿的目的。

养生须注意"养宜适度"，不可太过，不可不及。有人稍有劳作则怕耗气伤神，稍有寒暑变化便闭门不出，食之唯恐肥甘厚腻而过分清淡、节食少餐。如此下去，只能因养之太过而营养不良、有损健康。

养生又须注意"养勿过偏"，综合调养要适中。虽说食补、药补、静养皆属养生范围，但食补太过会营养过剩，药补太过会阴阳失调，静养过度则动静失调，都会影响正常的新陈代谢，产生事与愿违的结果。

所以，养生要掌握动静结合、劳逸结合、补泻结合、形神共养的原则。

专家推荐的营养菜肴有：滋阴补血、滋肝补肾的枸杞肉丝，补血益精、养血充髓的火腿烧海参，开胃健脾、降压补脑的蒜泥茼蒿，生津除烦、清胃涤肠、滋补强身的木耳冬瓜海米鸡蛋汤。

冰天雪地，寒气方盛，保健十分要紧。老人、小孩尤其要注意保暖。小儿因体温调节中枢不敏感，免疫力差，冬季易发上呼吸道感染、流行性感冒、肺炎、百日咳、猩红热、麻疹、流行性脑炎等疾病。老年人因功能衰退，既不耐热，也不耐寒，易生心肌梗死、青光眼、中风等病症。老年人行动不够灵活，冰雪路滑，要防止摔跤。

第二十二节

冬至

WINTER SOLSTICE

大地微微暖气吹

[星象物候篇]

冬至一般在公历 12 月 21 日或 22 日。冬至之日，太阳位于黄经 270 度，入摩羯宫。这天晚七点，仰望星空，北斗七星的斗柄正指向北方，即 0 度处，古人称为"子"的方向。

按农历的安排，十一月为建子之月，也叫子月。冬至属于中气，必在十一月。"子"的意思是种子，表示这个月阳气开始萌生，会促使各类种子萌发出万物。

十一月的消息卦是意为"雷在地中"的复卦，五个阴爻在上，一个阳爻在下，表示阴气鼎盛期已到，阳气开始上升了。俗语说，"冬至一阳初生"。和关于夏至的俗语"夏至一阴初生"一样，其中的"初"字很重要，它说明阳气的上升仅仅是开始而已。

"冬"是季节，"至"指到了，冬至表示寒冷的冬季到来了。

我们知道，冬至时太阳直射南回归线（即南纬 23.5 度处）。北半球的地方白天最短，夜间最长，阴气达到极致。杜甫诗曰："天时人事日相催，冬至阳生春又来。"阴极阳生。冬至之后，白昼就一天天长起来了。所谓"吃了冬至饭，一天长一线"。

毛泽东有一首题为《七律·冬云》的诗。其诗曰：

> 雪压冬云白絮飞，万花纷谢一时稀。
>
> 高天滚滚寒流急，大地微微暖气吹。
>
> 独有英雄驱虎豹，更无豪杰怕熊罴。

梅花欢喜漫天雪，冻死苍蝇未足奇。

这首诗写于 1962 年 12 月 26 日，即冬至后四日。这一天是作者的六十九周岁生日，按中国习俗，就是虚岁七十岁。其时中苏论战正酣，作者虽已进入古稀之年，但不减英雄本色。他以驱虎豹的豪情，写下了这首政治诗。全诗多处描绘冬天的景色，也是当时政治形势的写照。您看，虽然雪压冬云白絮飞，万花纷谢一时稀，高天滚滚寒流急，但是阴极阳生，已经感到大地微微暖气吹了。梅花欢喜漫天雪，冻死苍蝇未足奇。作者对胜利充满了信心。

冬至的十五天分为三候：初候蚯蚓结，二候麋角解，三候水泉动。

初候时，蚯蚓冻得藏在地下，缩成一团，像打成结一样。麋即麋鹿，也叫四不像。二候时，麋鹿角上粗糙的表皮要蜕去，露出新皮。冬至时，阴气达到极致，阳气开始上升。三候时，人们观测到井水开始冒出热气。

农闲压田待丰收
［农时篇］

冬季对传统农业来说是农闲时期。

不过，民间有"大雪忙压土，冬至压麦田"一说。这样可以减少地表裂缝，防止漏风、跑墒和冻害。

顺时奉养度寒冬
[养生篇]

谚语说:"冬至不冷,来年有病。"这说明暖冬时害虫不易冻死,来年会给人带来传染病。也说明人体需要寒冷的刺激,才能防病健身。整天躲在充满暖气的房子里,反而容易生病。

孔子在讲解《易经》时专门讲了冬至。他说:"至日闭关,商旅不行,后不省方。"意思是说,冬至这天,城门关口都要关闭,出门在外旅行或做生意的人,都要停下脚来,连皇帝在这一天都不外出巡视。冬至到来时要养精蓄锐,静待其变,等待着生气勃勃的春天的到来。

冬至天寒,养生保健非常重要。现在分别讲一讲中年人和老年人的养生问题。

中年养生要做到静神少虑,劳而勿过,节欲保精。静神少虑指的是豁达大度,不为琐事劳神。要注意合理用脑,发展心智。处理好人际关系,乐观向上。劳而勿过指调整好生活节奏,避免超负荷运转。节欲保精指节制性生活。

老年保健要做到精神摄养,饮食调养,顺时奉养,起居护养,药物助养。精神摄养指知足谦和,老而不怠。宋代医学家陈直的《寿亲养老新书》中有如下一首诗:"自身自病自身知,身病还将心自医。心境静时身亦静,心生还是病生时。"此诗意在告诫人们,抓好自身心理保健,以杜绝情志疾病。饮食调养要注意:食宜多样,谷、果、肉、蔬合理搭配,适当选用高钙食品;食宜清淡,掌握三多三少,即蛋白质、维生素、纤维素多，糖类、脂肪、盐少；食宜温热熟软，又宜少吃多餐。顺时奉养指顺应四时变化，常欲乐生。起居护养指合理安排作息，劳逸适度；尽量做到行不疾步，耳不极听，目不极视，坐不至久，卧不极疲。药物助养以固护脾肾为重点。

冬至推荐的菜肴有：益气补虚的羊肉炖白萝卜，补益肠胃、化痰散寒的由香菇和鲜蘑菇做成的炒双菇，通脉开胸、下气调中、止咳润燥的麻油拌菠菜。山药有健脾、补肺、固肾益精之功，宜常吃。

冬节增岁举家宴
[礼仪篇]

冬至起源于周代。那时以冬至为岁首，冬至一到普天同庆，因此冬至又称为"冬节"。冬至时阴气鼎盛，但阳气已开始上升，古人将其作为岁首是有道理的。

现在民间还流传着"冬应年应，好骡好马也歇应"。因此，家家户户在这一天团聚在一起，包饺子，举行家宴。人们还把好吃的带上，去坟上祭祖。我国台湾有"冬至过大年"的说法。每逢冬至，家家户户搓汤圆。老辈人把汤圆分成金丸（红汤圆）和银丸（白汤圆），还有"不吃金丸银丸，不长一岁"之说。

第二十三节

小寒

MINOR COLD

阴极阳生酷小寒
[星象物候篇]

　　小寒一般在公历1月5日或6日。小寒之日，太阳位于黄经285度。这天晚七点，仰望星空，北斗七星的斗柄正指向北偏东的方向，即15度处，古人称为"癸"的方向。

　　"寒"表示寒冷，"小"表示寒冷的程度，小寒表示冷的时日开始了，但还未到最冷的时日。但是，根据近代气象仪器观测记录，我国除沿海少数地方外，都是小寒节气比大寒节气冷。小寒实际上是名副其实的"大寒"。例如，北京小寒节气的平均气温为 −4.9℃，大寒节气为 −4.4℃；开封小寒节气的平均温度为 −1.1℃，大寒节气为 0℃。

　　小寒的十五天分为三候：初候雁北乡，二候鹊始巢，三候雉始雊。

　　初候时，大雁开始从南方向北飞行，返回家乡。二候时，喜鹊开始为来年修筑新巢。三候时，野鸡也感到阳气上升，开始鸣叫。看来，不光是"春到人间草木知"，就连喜鹊和野鸡这些鸟儿，也已经从冰天雪地的背后闻到了春天一步步走近的气息。阴极阳生，实在是颠扑不破的真理。

　　小寒是"二十四番花信风"的开始，分为三候：一候梅花，二候山茶花，三候水仙花。

三九就在小寒时
[天气篇]

　　从冬至开始，每九天一个阶段，共九个阶段，称为"九九"，亦称

"数九"。所谓"冬至白天短，开始数九寒"。九九八十一天，跨越六个节气。下面就是描述九九天气的"九九歌"：

一九二九不出手，三九四九冰上走，五九六九沿河看柳，七九河开八九雁来，九九加一九，耕牛遍地走。

三九一般在 1 月 9—17 日，四九在 18—26 日。前者在小寒节气内，后者跨越小寒和大寒。数九中以三九和四九最冷，因此人们常说"冷在三九"。

冬至时，太阳直射南回归线（即南纬 23.5 度处），北半球那时得到的热量最少。但是，我们在讲三伏时说过，地球上的大气就像一口大锅里的水，它主要是靠地面这口大锅把它烧热的。"烧开"地面上的空气需要大约一个月的时间，而地面降温把大气"晾凉"同样也需要一个月左右的时间。因此，最冷的时日出现在冬至以后一个月左右，也就是三九和四九期间。由此可见，小寒、大寒和小暑、大暑一样，充分说明了我们的祖先对一年中温度变化规律的深刻了解。

防寒保温放首位
[农时篇]

小寒节气，天寒地冻，要注意防止越冬作物冬小麦和果树的冻害。南方的柑橘、茶树、橡胶，非常怕冷，是重点保护对象。但若这时不冷，越冬作物有可能提早萌动，一旦发生春寒，就更容易发生冻害。

小寒节气北风多，气温低，下雪少，常出现干旱。农谚讲"麦吃腊月土"，说的是要在此时继续碾压麦田，防寒保苗，防止水分蒸发，同时，还要给小麦施肥。天太冷，养殖业、种植业都要把防寒保温放在首位。

三九锻炼要得法
[养生篇]

三九天很冷，是不是就缩在室内不要外出了呢？不是！人不仅因工作需要在冬季外出，而且为了强身健体也需要在冬季进行户外锻炼。俗话说，"夏练三伏，冬练三九""冬天动一动，少闹一场病；冬天懒一懒，多喝药一碗"。

体育运动是应对寒冷的好方法。冬季到户外参加体育活动，身体受到寒冷的刺激，肌肉、血管不停地收缩，能使心脏跳动加快，呼吸加深，体内新陈代谢加强，身体产生的热量增加。同时，由于大脑皮质兴奋性增强，有利于灵敏、准确地调节体温。这样一来，人的抗寒能力就可以明显增强。

冬季锻炼时，要充分做好准备活动。人在冬季从室内到室外，温度骤然降低，会使皮肤和肌肉立即收缩，关节和韧带僵硬，体内的代谢放缓。这时如果立即开始锻炼，有可能造成肌肉拉伤，而且由于心跳加快，还可能引起恶心、呕吐等不适症状。要做好准备活动，使浑身的肌肉、关节活动开，使体内器官尤其是心脏进入适应运动的状态。

在进行长跑等运动时，容易将冷空气吞咽进胃肠道，从而引起胃肠痉挛性剧痛或腹胀。因此，为减少将冷空气吞咽进胃肠道，运动时不宜张口呼吸。

到户外锻炼时，要适当穿得暖和些，戴上帽子和手套，风大时要戴上口罩。但也不宜穿得过厚，以免妨碍身体运动、加重身体负担，乃至出汗太多，反而导致感冒。

冬季洗冷水浴可健身。全身冷水浴时水温以 10~16℃为宜，2~3分钟即可。局部擦身可在 8~12℃的水温下进行，主要用于面部及耳、手、足。

锻炼要选择空气质量好的地方和时间。时间宜选择在上午 9—10 时。

大风、大寒、大雪，温度太低，对心脑血管病患者、老年人、体弱者不利，不宜外出，可在室内打拳或做健身操。

食补药补度三九
［养生篇］

小寒节气已到数九寒天，人们大补特补无可非议。但进补不可无章法，而应本着因人施膳的原则。青年人机体代谢旺盛，所需蛋白质和热量较老年人多。故青年人应保证足够的饭量，注意粗细粮的合适搭配，并摄入适当的脂肪。但有些青年人因过食肥甘厚味、辛辣之品而招来不速之客——痤疮。此病一旦发生，切不可自行挤捏，要请医生诊治。

自古就有"三九补一冬，来年无病痛"的说法。冬令进补应食补、药补相结合，以温补为主。食补可选择羊肉、猪肉、鸡肉、鸭肉、鳝鱼、甲鱼、鲅鱼、海虾等，还可食用核桃仁、大枣、龙眼肉、芝麻、山药、莲子、百合、栗子等。药补可用人参、黄芪、阿胶、冬虫夏草等。推荐膳食有：补脾胃、益肺肾的山药羊肉汤，健脾化滞、润燥的由干冬菇、青椒、胡萝卜做成的素炒三丝，清热、化痰止咳、生津除烦的丝瓜西红柿粥。

第二十四节

大寒

MAJOR COLD

大寒阳气已渐长
[星象物候篇]

大寒一般在公历 1 月 20 日或 21 日。大寒之日，太阳位于黄经 300 度，入宝瓶宫。这天晚七点，仰望星空，北斗七星的斗柄指向东北偏北的方向，即 30 度处，古人称为"丑"的方向。

按农历的安排，十二月为建丑之月，亦称丑月、腊月。大寒属于中气，必在十二月。丑的意思是种子被寒气束缚，不能发育。十二月的消息卦是临卦，四个阴爻在上，两个阳爻在下，表示阴气仍然强盛但已开始减少，而阳气则渐长了。

大寒的十五天分为三候：初候鸡始乳，二候征鸟厉疾，三候水泽腹坚。

鸟孵雏叫乳。初候时，母鸡开始孵小鸡了。二候时，鹰一类凶猛的飞禽，杀气极盛，鹰击长空。三候时，洼地的水面，冰一层层冻得非常坚硬。

在"二十四番花信风"中，大寒节气分为三候：一候瑞香花，二候兰花，三候山矾花。

大寒未必最冷时
[天气篇]

"寒"表示寒冷，"大"表示寒冷的程度，大寒表示最冷的时日。我们在讲小寒时曾说，近代气象记录表明，我国多数地方小寒节气比大寒节气冷。这大概是因为二十四节气形成于两千多年前，历史久远，气候有所变化。不过，从记录看，小寒也比大寒冷不到哪里去，也就是说，大寒的寒冷程度和小寒不相上下。就算小寒比大寒冷一点，那也只是近几十年的平均情况。对于个别年份，最冷的时日，可能在小寒，也可能在大寒。甚至在大寒的后期，即五九时，天气还很冷，出现谚语说的"五九五阎王"的情况。如果这样，那就是气候异常了。因此，绝不能认为，一旦小寒一过，严冬就过去了。

北宋邵雍的《大寒吟》描绘了这段时间天寒地冻的景象：

旧雪未及消，新雪又拥户。

阶前冻银床，檐头冰钟乳。

清日无光辉，烈风正号怒。

人口各有舌，言语不能吐。

我国的春节，大多在大寒和立春节气。大寒过去，就是下一年的立春，春光明媚的日子就快到来了。

———————————————✺———————————————

大寒寒冷人马安
[农时篇]

大寒时节多北风。谚语说："九里的风，伏里的雨，吃了麦子白了米。"北风吹，温度降，杀虫灭菌保丰收。"大寒不寒，人马不安""大

寒小寒，冷成冰团"。大寒时应当冷，如果不冷，人和牲畜会生病，庄
稼也会生虫害。

"九里一场雪，伏里一场雨""腊月三场雪，猪狗也吃麦"。大寒时
节的雪，为大田补充水分，为丰收准备条件，降雪多多益善。

妇女保健另有方
［养生篇］

古语说："大寒大寒，防风御寒，早喝人参黄芪酒，晚服杞菊地黄
丸。"这是古人重视顺应自然规律适时进行调养的例证。在此，专门谈
一谈妇女保健问题。

情志对妇女影响很大，要注意保持心情舒畅，避免七情过度。更年
期妇女要正确认识生理变化，排除心理障碍，怡情养性，乐观向上。

保健养生以固护脾肾调养肝血为主。常用药膳有：温中、补血、散
寒的当归生姜羊肉汤，补虚益血的枸杞三七鸡，下气补中、利胸膈、调
肠胃、安五脏的糖醋胡萝卜丝，润肺通肠、补虚养血的牛奶粥。

第三章　纷繁历法

第一节
日月自然历

仰观日月定历法

第一章说过，二十四节气可以看成一种历法，而且其本质就是一种阳历。为了说清二十四节气，需要先讲一下历法的起源和分类。

世界上的历法多如牛毛，我国就有百余种。这些历法归纳起来有三类，即阴历、阳历和阴阳合历。让我们从中国的阴历讲起。

人们安排一年的各种生产生活，都需要纪时，这一需求就促进了历法的形成。现在我们已经有了日常使用的历法，这就是：一年十二个月，三百六十五天，一月大约三十天，一天二十四小时，一小时六十分，一分六十秒。

同时，我们也已经非常熟悉，地球绕太阳转一圈是一年，月亮绕地球转一圈是一月，地球自转一圈是一天。那么，我们现在所用的历法是否就是据此定出来的呢？不完全是。

上古的人们并不完全知道这些我们现在耳熟能详的规律。

我们的祖先生活在地球上，他们抬头看到的是太阳和月亮都围着我们的地球转。这些眼睛直接看到的规律给了人们制定历法的条件。

首先是太阳东升西落，我们的地球形成了白天和黑夜，这就是一日。

美丽的月亮挂在天上，每天月面的面积都在变化，从很小的月牙变到大大的满月，再变回很小的月牙。两个满月之间有二十九至三十天。这不就是比日大的时间尺度吗？叫它一月最合适不过了。

地球的温度每天不同，但是很有规律。从最冷的日子算起，天气慢慢变暖，然后就到下一个最冷的日子，要经历三百六十五天左右。这当然就是大自然给我们准备的另一个更大的时间尺度，我们的祖先把它叫作年。一年有多长呢？人们在地上竖起一根竿子，测量太阳影子的长度。发现有一天影子最长，那时天非常冷；又有一天影子最短，那时天非常热。从日影最短经过日影最长到下一个日影最短，有三百六十五天，而且年年如此。这不就是一年的长度吗？

于是，最早的历法产生了，一年十二个月三百六十五天，一月二十九至三十天，同时规定大月三十天，小月二十九天。

顺便说一句，我国历法产生的时候，人们并不知道我们所生活的地球是在绕太阳旋转，而且本身又在自转。如果当时人们就有这些知识，那历法中的"年、月、日"三个字的安排就应当是"日、月、地"三个字了。

月份跟着斗柄走

十二个月的顺序怎么定呢？

夜晚，我们的头顶是满天的星星。我们的祖先首先注意到，北方的天空有一颗最亮的星永远不动，那就是北极星。还有另外七颗星围绕着它转，它们组成一个勺子，称为北斗七星。北斗七星整年在北方的天空转悠，其勺把或者说斗柄指向外空。

古人将北斗七星转动的区域划分为十二等份，并以十二地支的名称命名。他们把斗柄所指叫"建"或"月建"，斗柄一年旋转一圈。斗柄指到地支"子"的区域叫作建子之月，转到"丑"的区域叫作建丑之月，依此类推。一年的十二个月份正好与这十二个月建相对应。当时以太阳落山后黄昏时分对北斗星的观测结果来定其转动情况。斗柄指北，就叫建子之月；斗柄指南，就叫建午之月；斗柄指东，叫建卯之月；斗柄指西，叫建酉之月。其他各月也都对应一定的方向。

如何确定斗柄所指的方向呢？人们上不了天，当然就无法在天上直接划分区域。不要紧。天上满是星星，许多星星是不动的，何不用它们来定位呢？早在春秋时期，我国就已经完整地建立起北极星、四象、九宫、二十八宿体系。四象指春天在东、南、西、北四个方向看到的星象，形象地命之曰苍龙、朱雀、白虎、玄武。每一象又分七舍，构成了二十八宿。"宿"有宿舍、旅居之义。《史记·律书》说"舍者，日月所舍"，就是说太阳和月亮常到此一游的意思。二十八宿分别为角、亢、氐、房、心、尾、箕、斗、牛、女、虚、危、室、壁、奎、娄、胃、昴、毕、觜、参、井、鬼、柳、星、张、翼、轸（图3-1）。

我们抬头看星星，看上去所有的星星仿佛散布在一个以我们为中心的巨大圆球的球面上，我们将这个假想的圆球称为天球（图3-2）。这个球不停地在我们头上转动。

地球绕太阳公转的轨道平面与天球相交的大圆叫黄道。从地心看，黄道很接近太阳在天球上移动的路径，因而古代也把太阳在天球上移动的大圆叫黄道（图3-3）。同时，把月亮在天球上移动的大圆叫白道。

黄道带指的是天空中太阳行经的路线向两侧各延伸8度所形成的区域，它包括各主要行星的运行轨道。

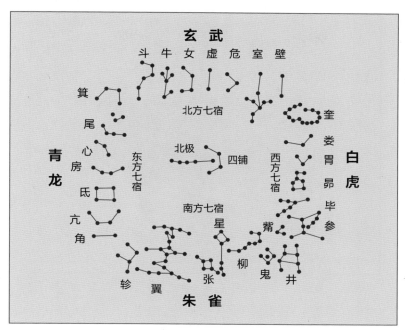

图 3-1　二十八宿

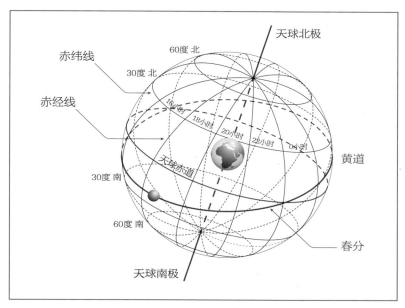

图 3-2　天球

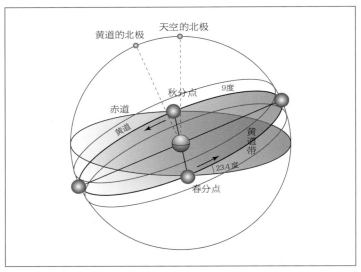

图 3-3　黄道

　　古巴比伦人对黄道附近的星座进行了长期观测，通过观测定出了黄道，又把黄道分成十二等份，每等份 30 度，称为一段。太阳在十二个月内绕黄道运行一周，因此它在黄道上每月运行一段。在古人看来，太阳是阿波罗神，他休息的地方定然是金碧辉煌的宫殿，因此，他们就把黄道上的一段叫作一宫。这样，黄道上的十二段便成了"黄道十二宫"。黄道十二宫的名称与黄道附近的十二个星座相同，即白羊宫、金牛宫、双子宫、巨蟹宫、狮子宫、室女宫、天秤宫、天蝎宫、人马宫、魔羯宫、宝瓶宫和双鱼宫。

　　值得注意的是，虽然黄道十二宫的名称与黄道附近的十二个星座的名称相同，但它们有本质的差别。黄道十二宫表示太阳在黄道上的位置，宫的大小是固定的，都是三十度。太阳进入每一宫的时间基本上是固定的：现在每年 3 月 21 日前后太阳来到春分点，进入双鱼宫；6 月 22 日前后来到夏至点，进入双子宫；9 月 21 日前后来到秋分点，进入室女宫；12 月 22 日前后来到冬至点，进入人马宫。

二十四节气与黄道十二宫的关系如表 3-1 所示。

春秋时期，人们用土圭测定日影，知道冬至这天日影最长，白昼最短，夜间最长；夏至这天日影最短，白昼最长，夜间最短。秦末汉初之际，二十四节气日臻完备。二十四节气以立春为首，依此排序。其中十二个序号为双数的叫中气，十二个序号为单数的叫节气。冬至为中气之首，就定为建子之月。下一个中气大寒则定为建丑之月，再下一个中气雨水则定为建寅之月，依此类推。古代夏历以建寅之月为岁首，称为正月，建卯之月就是二月，建辰之月就是三月，依此类推。其他各月也都对应一定的方向和节气。由此可以列出表 3-2。

表 3-1　二十四节气与黄道十二宫

春分	3/21	
清明	4/5	白羊宫
谷雨	4/20	
立夏	5/5	金牛宫
小满	5/21	
芒种	6/6	双子宫
夏至	6/21	
小暑	7/7	巨蟹宫
大暑	7/23	
立秋	8/7	狮子宫
处暑	8/23	
白露	9/8	室女宫
秋分	9/23	
寒露	10/8	天秤宫
霜降	10/23	
立冬	11/7	天蝎宫
小雪	11/22	
大雪	12/7	人马宫
冬至	12/21	
小寒	1/6	摩羯宫
大寒	1/21	
立春	2/5	宝瓶宫
雨水	2/19	
惊蛰	3/5	双鱼宫
春分	3/21	

表 3-2　阴历月序的确定

月建	中气	月序
建子之月	冬至	十一月
建丑之月	大寒	十二月
建寅之月	雨水	正月
建卯之月	春分	二月
建辰之月	谷雨	三月
建巳之月	小满	四月
建午之月	夏至	五月
建未之月	大暑	六月
建申之月	处暑	七月
建酉之月	秋分	八月
建戌之月	霜降	九月
建亥之月	小雪	十月

周密安排大小月

大小月又是怎样定出来的呢？

一个月有 29.5306 日，两个月就是 59.0612 日。多数情况下，大月和小月间隔安排，两个月合计 59 日，与月相的朔望基本对应，可以做到朔在初一、望在十五。但是一个大小月循环仍有 0.0612 日的余数，16 个循环就是 0.9792 日，差不多就是一天了。因此，如果简单地采用大月和小月间隔安排的方法，经过 32 个月即不到三年朔望对应的日期就会差一天。这种问题就由历算家经过周密计算加以调整，使月相的朔望不致和阴历的日期发生矛盾。

由此可见，我国的阴历虽然是按月亮绕地球的周期安排月份的，但月份的命名和次序是按斗柄所指的方向定的。斗柄转一圈就是一年，而斗柄的方向是阳历性质的。在二十四节气形成以后，又把月和中气联系起来，而节气也是阳历性质的。这就是说，古人从一开始就是希望把阴历和阳历加以协调的。

可是，事与愿违。采用安排大小月的办法，与月亮运行的规律符合得相当好。但 12 个月只有 354 天，比一年的实际长度少 11 天。连续三年就要少 33 天，比一个月还要长。如果不加以解决，三年后春节就要提前一个月了。不到 18 年，春节就到夏天，冬夏就倒过来了。怎么办呢？那就得想办法用闰月安排了。

十五月亮十六圆

阴历是根据月亮绕地球运行的周期定出来的。初一为朔，月如弯钩；十五为望，月如玉盘。

问题在于，是不是十五的月亮就一定是最圆的呢？不一定。要不怎么有人说"十五的月亮十六圆"呢！

天文学家测得，月亮的朔和望有一定的时刻，而且都十分短暂。我们看到的朔望月的长度有长有短，其平均值为 29.5306 日。历法规定，大月三十天，小月二十九天。前面讲过，为了适应朔望月的实际长度，历算家需要精心安排大小月的位置。为了历法所定的月和朔望月有相对的一致性，有时就需要连续安排两个、三个甚至四个大月，有时又需要连续安排两个、三个甚至四个小月。这样一来，让朔位于初一，望就不一定能在十五。反过来，让望位于十五，朔就不一定能在初一。真是摁下葫芦起了瓢。这样看来，十五的月亮十六圆的情况就不难理解了，十五的月亮十四圆也是会出现的。

1991 年 10 月 13 日的《人民日报》上有一篇题为《十五的月亮十七圆》的文章说，那年中秋节的月亮并不圆，十七的晚上才是月圆之夜。实际上，十五的月亮十六圆的情况屡见不鲜。以 1986 年为例，月圆出现在十五的有六个月，出现在十六的有四个月，出现在十七的有两个月。可见，十五月圆的情况也就只有一半左右。

第二节
置闰阴阳历

难题来自大自然

前面提到的闰月问题是怎么产生的呢？

原来，一年的长度是 365 天多一点，一月的长度是 29 天多一点。不要说这小数点后面的数字有多麻烦，光是这些整数就没法对付。即使把一月的长度拉长点，365 还是不能被 12 除尽。原来日月就是这么运行的，它才不管人类怎么定历法，这是大自然给我们出的难题。

后来，人们经过详细的观测和计算，知道了一年的长度是 365.2422 日，一月的长度是 29.53059 日。为了使历法和时令不发生矛盾，人们想出了设置闰月的方法，就是在该年某月后面增加一个月。

比如说，在 19 年里加入 7 个闰月，就能基本解决问题。请看：

19 年的总日数是 19×365.2422=6939.6018 日。在 19 年里加入 7 个闰月，就共有（19−7）×12+7×13=235 月，因而有 235×29.5306=6939.6910 日，与 19 年的总日数只差 0.0892 日。这个差数到 19 年的

12 倍即 228 年才积累到 1.0704 日，也就是一天光景，问题就不大了。

南北朝时的数学家祖冲之（429—500 年）提出用 391 年 144 闰的方法，就更精确了。请看：

391 年的总日数是 391×365.2422=142809.7002 日。在 391 年里加入 144 个闰月，就共有（391-144）×12+144×13=4836 月，因而有 4836×29.5306=142809.9816 日，与 391 年的总日数只差 0.2814 日。这个差数乘以 4，就是 1.1256 日，而 4×391=1564。因此，如果采用祖冲之的置闰法，要过 1564 年才差一天左右。

我国商代的甲骨卜辞中已经有了十二个月的月名和"十三月"的记载。可见，那时已经知道通过设置闰月来调节阴历和太阳周年的矛盾了。

设置闰月后，阴历就不会和时令发生大的矛盾了。以春节为例，最早在 1 月 21 日，最晚在 2 月 20 日，前后相差 30 天左右。平均而言应该在 2 月 4 日，也就是立春的时候，怎么说春节时也是冬去春来了。同样，端午节总是在鲜花盛开的时候，中秋节总是在秋高气爽的时候。人们就可以放心地过节了。

闰月应当设置在那些年份呢？在 19 年 7 闰法中，除个别情况外，闰月安排在第 3、5、8、11、14、16、19 年，其间相隔的年数为 3、2、3、3、3、2、3 年。在有闰月的年份中，闰月该加在哪个月呢？人们规定加在没有中气的月份。

我们在讲阴历时说过，阴历的每个月都对应一个中气。如果这个月没有中气，就是这个中气跑到下月去了，这就打乱了月序和中气的对应关系。如果把闰月加在没有中气的月份，就能使每一个月对应一个固定的中气了。例如，甲申年（2004 年）二月三十是春分，下一个月没有中气，于是安排该月为闰二月，这样三月初二就是谷雨，与阴历关于月序设置的规定就一致了。由此看来，这样设置闰月不仅使阴历与时令的矛盾得到解决，而且使每个月都对应固定的中气。这样一来，中气的日期永远在一个月内变动，使月份的设置保持了阳历的性质。在这样的安排下，每个月份都分到一个中气，而闰月就永远没有中气了。闰月只能为保证别的月份都有中气而为他人作嫁衣了。一个月没有中气，就必然有一个节气，因此闰月里一定有一个节气。一年总共有 12 个节气和 12 个中气，闰月占了一个节气，就必然有的月份没有节气。按照置闰的规则，19 年里有 7 个闰月，因此也就有 7 个没有节气的月份。至于到底是哪几个月没有节气，那就摊上谁是谁了。

为什么会出现没有中气的情况呢？原来一年是 365.2422 日，两个中气之间的间隔是 365.2422÷12=30.4368 日。而一个朔望月的长度是 29.5306 日，比两个中气之间的间隔少了差不多一天。如果某一个月的中气在月尾，比如说三十日，从交节的时刻（即该节气到来的时刻）加上 30.4368 日就有可能超过下月末而到了再下一个月的月初了，这就导致下一个月没有中气了。实际上因为我们现在实行的是用"定气"法定节气，因此两个中气之间的时间间隔不完全等于 30.4368 日，但肯定会出现接近甚至超过 30.4368 日的情况。因此，总会出现没有中气的月份。

哪些月份容易出现没有中气的情况呢？如果按上文所说，应该每个月都有可能出现没有中气的情况，闰月也会在任何一个月出现。但实际上，闰月大都出现在下半年。这是因为上面说的是所谓"平气"的情况，就是所有节气之间的时间间隔相同。而现在实行的是"定气"的做法，是以太阳在黄道上所在的经度决定节气的。这样一来，冬天节气之间的间隔短，夏天节气之间的间隔长（关于这点我们在后文还会谈到），因此在下半年更容易出现没有中气的情况。所以闰月多数出现在四月、五月和六月。以 1862—2000 年为例，其中闰二月有 5 个，闰三月有 6 个，闰四月有 8 个，闰五月有 12 个，闰六月有 8 个，闰七月有 5 个，闰八月有 5 个，闰十月有 2 个。

由此可见，设置闰月后，阴阳历的矛盾得到调和，但仍未得到根本解决。阴历的日期，例如春节，与阳历对应的日期，前后仍可相差一个月左右，这就给生产和生活带来了不便。于是，具有阳历性质的二十四节气便应运而生了。

我国历法何其多

中国的历法，历史悠久，经历了长期的演化。

最早的历法规定，夜半（就是子夜）为一天的开始，朔旦（就是朔）为一月的开始，冬至为一年的开始。以恰好是夜半、朔旦、冬至的"甲子"那天作为推算历法的起始，称作"历元"。此外，还要求"日月合璧""五星连珠"。

"日月合璧"本来是日月同升的意思。古人认为这种天象不容易遇到，是祥瑞之兆。后来加以推广，只要日月位于黄道十二宫的同一宫或日月处于相对的位置，就称"日月合璧"。到了清代，钦天监又规定只要日月"合朔"就可以算"合璧"了。

"五星连珠"就是金、木、水、火、土五大行星共见于一方的意思。古人认为这种天象不容易遇到，也是祥瑞之兆。后来也加以推广，只要五星各居一宫而相连就是"五星连珠"。清代钦天监则以五星相距45度又日月"合朔"作为"连珠"。

由于要实现这个"甲子、夜半、朔旦、冬至"和"日月合璧""五星连珠"的理想，古代天文学家费了不少神。我国历史上共出现了百余种历法。归纳起来，我国历法的发展大约可分为以下四个时期：①古历时期，即汉武帝太初以前的古历。其原本已失散，现在只能知其大概。现在知道的古历有黄帝历、颛顼历、夏历、殷历、周历和鲁历。②中历时期，即从汉太初到清朝初期，是中国历法的独创时期。③中历西法时期。清代以德国传教士汤若望的《西洋新法历书》为基础，在康熙二十三年（1684年）编成《历象考成》，凡四十二卷。此历改用西洋椭圆算法，但历法形式仍和旧历一样。④公历时期。辛亥革命（1911年）后，我国改用现行国际通用的阳历，但中历仍在一定范围和场合使用。

春秋时期，诸侯林立，中央王权呈崩溃之势。这一时期，我国同时流行颛顼历、夏历和周历。它们都属于阴阳合历，但岁首各不相同。其中夏历在我国历史上应用最久，从汉武帝时一直使用到清朝末年。

汉武帝太初年间，因古历与天象不合，遂加以改革，规定闰月置于没有中气的月份之后，重新确定了"历元"所在的夜半、朔旦、冬至的甲子日。此后，历代都有改历工作，逐步知道月亮运行有快有慢、日月食等。晋代虞喜在咸康年间（335—342年）发现岁差，使历法的精度得到提高。岁差即春分点和秋分点的进动。地球自转轴像陀螺似的晃动，就是进动。进动轴是地球轨道面的垂线，在天球上指向南北黄极。进动的周期为2.2万年。

元代郭守敬创"授时历"，废除古代的历元，截取近世任意一年为元。改用实测，求得一年为365.2422日。这一数值只与地球绕日的实际周期差26秒，其精度与现行公历（格里历）所用的一年长度一样，可见中国古代天文历法的发达。1199年，南宋杨忠辅的统天历中已开始采用这一周年长度，比西方早了383年。

太平天国（1851—1864年）创制天历，规定一年为三百六十六天，十二个月。大小月相间，大月三十一日，小月三十日。二十四节气中，除了立春、清明、芒种、立秋、寒露、大雪是十六天外，其余都是十五天。以节气（立春、惊蛰、清明、立夏等）置于月首，中气（雨水、春分、谷雨、小满等）置于月中。天历在天国九年还做过一次修改。尽管天历并不十分完善，但它的大小月设置使它具备了阳历性质，特别是以节气置月首月尾的做法很有启发意义。这点我们将在后面谈到。

16 世纪初，欧洲的阳历传入中国。历算学家称其为西历，而将夏历称为中历。辛亥革命后采用了格里历，但纪年则定为民国。中华人民共和国成立以后，采用了公元纪年。

农历仍然很重要

辛亥革命后，我国官方采用了西历，中历遂转入民间。由于中历与适用于农业的二十四节气紧密相连，故有人称其为农历。

中华人民共和国成立以后，我国继续使用格里历，但是我国独有的农历并没有退出历史舞台，仍在一定范围内继续使用。这里有六方面的原因：①农历与月相有固定的关系，知道了日期便知道了朔、望、上弦、下弦等。②农谚是我国的重要历史遗产，在农业上有重要参考价值，而农谚中的日期都使用农历。我国气象学家对农谚进行了大量的整理和研究，对我国天气预报的发展起了促进作用。这些工作也需要用到农历。③潮水的涨落在农历中有固定的日期。④日食和月食在农历也有固定的日期。⑤现代气象学家仍在致力于月相和月球引潮力等与气象现象的关系的研究，这里也需要用到农历。⑥我国的传统节日如春节（正月初一）、元宵节（正月十五）、端午节（五月初五）、乞巧节（七月初七，中国的情人节）、中秋节（八月十五）、重阳节（九月初九）、腊八节（腊月即十二月的初八）以及壮族的歌圩节（三月初三），彝、白、傈僳、拉祜等族人民的火把节（六月二十四）等都采用农历日期。

可见，我国农历与自然现象、传统文化和现代科学都有十分密切的联系，因此仍然得到广泛使用。

恺撒制定儒略历

现在我们讲一讲阳历。

古罗马的历法是一种阴阳合历，规定全年 12 个月、355 天。罗马人认为单数是吉利的，所以规定每月的日期都为单数。为了和实际的太阳回归年协调，规定可以设置补充月，如同我国的闰月。怎样确定补充月呢？古罗马帝国时期，宗教盛行。其最高统治者为大祭司长，还有以大祭司长为首的大祭司团。这些人不仅管理国家的一切宗教仪式和公民的丧葬、遗嘱、继承等事项，而且掌握着历书的编制、颁发、修订等权力，也包括设置补充月的权力。他们按照自己统治的需要，随意增减补充月，使得历法极为混乱，甚至寒暑颠倒。法国哲学家伏尔泰曾经讥笑说："罗马人常打胜仗，但不知道胜仗究竟是哪一天打的。"

到了儒略·恺撒统治时期，决定修订历法。他邀请埃及的一批天文学家参与修订，并将修订后的历法于公元前 45 年 1 月 1 日起执行。修订后的历法称为儒略历。这个历法把原来的阴阳合历修改成了阳历，规定每年平均为 365.25 日，四年一闰，平年 365 日，闰年 366 日。原来的规定是，大小月相间，单月为大月，31 日，双月为小月，30 日。这样全年就有 366 日，比回归年多了一日，就需要从某一个月减去一日。当时处决犯人都在 2 月，故认为是凶月，因此决定从 2 月减去一日，成为 29 日，只有闰年才是 30 日。

我们知道，一个回归年是 365.2422 天，比 365 天多了 0.2422 天。这个差数积累 4 年后就是 0.9688 天，差不多就是一天，于是规定每 4 年设置一个闰年，在这一年增加一天，就放在 2 月的末尾，于是闰年的 2 月为 30 天。

为了纪念这次改历，儒略·恺撒把他出生的月份 7 月原来的名称废除掉，改以他的名字儒略命名。这一名称在现今的西文（如英文 July）中仍在沿用。

恺撒去世后，由其养子奥古斯都继位。奥古斯都出生在 8 月，该月原来已有名称，且为小月。奥古斯都不满意，于是学他养父的做法，把 8 月改用自己的名字命名，而且改为大月。8 月的名称从此就一直用奥古斯都的名字，直到今天的西文中（如英文 August）仍是如此。加一个大月就多了一天，于是就硬从 2 月再减去一天，把 2 月变成了 28 天。为了避免 7 月、8 月、9 月三个月连续大月的情况，就把 9 月以后的日数加以调整，改 9 月、11 月为小月，10 月、12 月为大月。

不尽如人意的格里历

前面提到，四个回归年比四个儒略历的年长出 0.9688 天。儒略历为此每四年在 2 月增加一天。但是 0.9688 天比 1 天少出 0.0312 天，长此以往，会使历法表示的年与太阳回归年发生偏差。这种偏差到 16 世纪已经变得很严重。公元 325 年，儒略历规定春分必须定在 3 月 21 日。但是到了 1200 多年后，春分已经跑到 3 月 11 日了。

于是，罗马教皇格里高利十三世于 1582 年决定再一次修订历法。规定：

（1）1582 年 10 月 4 日的第二天为 10 月 15 日。

（2）只有那些世纪数能被 4 整除的世纪年（例如 2000 年）为闰年，而不能被 4 整除的世纪年（如 1700 年、1800 年、1900 年）不再定为闰年。

第一条一笔勾销了历史上所欠的 10 日，从而把春分硬拉到了 3 月 21 日。

第二条避免了以后再出现春分前移从而违反时令的情况。在 400 年间历法年的平均长度为 365.2425 天，比回归年只多 0.0003 天。换句话说，要经过 3300 多年，历法年才比回归年慢一天。这样问题就不大了。

这个历法被称作格里历，一直沿用到今天。

但是，格里历仍然有不少问题。列举如下：

（1）一年中的平均日数与一回归年不完全相等。

（2）一年中各个季度的长短不一，四个季度分别长 90 天、91 天、92 天、92 天，每半年的日数也不相同。

（3）月的确定没有天文依据。各月的日数不相同，而且有 28、29、30、31 四种。大小月安排很乱，7 月、8 月连着两个大月，12 月与下一年的 1 月又连着两个大月。2 月只有 28 天，带来种种不便。比如说，当人们想研究一个月内各个候的气候情况时，2 月最后一个候（26—28 日）只有三天，难以得到合理的结果。

（4）星期的日期每年每月均不相同。

（5）元旦无论在理论上还是在实际上均无意义。

我们把这些缺点分析一下。可以看到，第一个缺点难以避免，虽然已经提出了种种比现行公历更为准确的置闰法，但终不如现行公历置闰法简单。每月的日数不同，使用上颇为不便，但365不能被12除尽，不可能每月日数相等。但现行公历各月的日数分四种且大小月安排很乱纯属历史的误会，有必要而且有可能做大的改进。星期的确定与天体运行无关，但已为社会所通用。星期的日期每年每月不相同，给实际生活带来了不便。

可见格里历确实有许多不尽如人意的地方。

未能实行世界历

为避免格里历的一些缺点，人们酝酿改历。

1910年曾举行国际改历会议。1922年国际天文学联合会也曾讨论过改历问题。1923年还成立了改良历法的国际专门委员会。有人提出了所谓的世界历，这个历法的要点如下：

每年分4季，每季3个月，13个星期，91天。每季第一个月31天，其余两个月均为30天。每季开始定为星期日，季末为星期六。一年四季共364天，在12月30日和1月1日之间插入一天，即"国际新年假日"。在闰年，在6月30日之后，也加入一个假日，也不计入月份内。

这个世界历有不少优点，但国际新年假日和闰年假日不列入一年中的日序，对纪事将会产生诸多不便。该方案曾被提议从1939年开始实行，并定该年元旦为星期日，但是因其自身缺陷和人们的长久习惯而未能实行。

天干地支表时日

　　我国古代历法中有一个重要创造，就是干支纪时。干支纪时即天干和地支配合纪时的方法。"干支"的原义是树干和树枝。古代"支"与"枝"同音同义。古人认为天为主，地为从。对树木来说，就是干为主，支为从。于是便把天地和干支相配，形成天和干、地和支，简称天干和地支，再简称干支。

　　天干即甲、乙、丙、丁、戊、己、庚、辛、壬、癸，地支即子、丑、寅、卯、辰、巳、午、未、申、酉、戌、亥。天干地支相配而成甲子、乙丑、丙寅、丁卯、戊辰、己巳、庚午、辛未、壬申、癸酉共十组，余下的地支戌、亥再同天干甲、乙配合，形成甲戌、乙亥，接着第三天干与地支第一字相配，形成丙子。如此下去，直至天干和地支的末字相配，形成癸亥。这种配合共六十个，不断循环记数。所谓花甲，就是六十。人到六十岁时，其纪年就回到他出生的那年，这个人也就进入花甲之年了。

干支在古代用于纪年、纪月、纪日、纪时。所谓一个人的生辰八字，指的就是他出生时的年月日时，用四个干支表示，共八个字。现在仍然用干支表示阴历年。我们耳熟能详的甲午之战、戊戌变法、辛亥革命，就是如此。干支纪年，六十年又回来了。纪年再次重复，会不会搞乱？对于一般生活和工作而言，不会。人们所关心的许多事都发生在六十年之内，而一个人活到百岁已是高寿，仍然超不过两个甲子。因此，用干支纪年对日常工作和生活来说是够用了。

我国在夏代已经有了天干记日法，十天一循环，正好相当于一旬，并以旬末之日为休息日。宋朝时，对所修的房舍和水利工程等，实行一旬一检查的制度，看来比现在的定期检查维修要严格多了。十天一旬的概念至今仍在使用。到商代就已经将天干和地支结合，形成了六十花甲子。商代武乙时的一块牛骨上刻着一个完整的天干地支循环，将两个月合为六十天，另一块甲骨卜辞上的两个月为五十九天。这就是大月（三十天）和小月（二十九天）。到了现代，我们日常生活中干支仍然在用。

生肖为何鼠第一

古人用十二时辰纪时，并将其与地支对应。前一日 23 时至当日 1 时为子时，当日 1—3 时为丑时，3—5 时为寅时，5—7 时为卯时，7—9 时为辰时，9—11 时为巳时，11—13 时为午时，13—15 时为未时，15—17 时为申时，17—19 时为酉时，19—21 时为戌时，21—23 时为亥时。午时为中午，午时前为上午，午时后为下午。古代除了用日晷计时，还以漏刻计时，即把一昼夜为一百刻（一刻相当于今天的 14.4 分钟）。古时行刑在午时三刻，即 11 时 44 分前后，这时接近正午。由于杀人被视为阴事，所以要在阳气最盛的时候执行，以使鬼魂不敢出现。

干支又与方向对应，例如东偏北即方位角 75 度为甲，北方为子。

地支还和十二生肖有一一对应的关系。十二生肖在我国东汉末年就已经固定下来了。规定地支逢子之年所属动物为鼠，称鼠年。地支逢丑之年所属动物为牛，称牛年。以下依次为逢寅之年称虎年，逢卯之年称兔年，逢辰之年称龙年，逢巳之年称蛇年，逢午之年称马年，逢未之年称羊年，逢申之年称猴年，逢酉之年称鸡年，逢戌之年称狗年，逢亥之年称猪年。

为什么小小老鼠拔了头筹，而肥头大耳的猪却排在最后了呢？说法有三：出没时间说、奇趾偶趾说和阴阳五行说。

老鼠在夜半最活跃，故与子相配。老虎在凌晨三至五时最凶猛，故与寅相配。猴喜欢在下午三至五时啼叫，故与申相配……这就是出没时间说。

奇趾偶趾说指的是，这十二种动物不管是四足还是两足，其前足和后足的趾数都是相同的。唯有老鼠前足四趾、后足五趾，不易交叉排列，遂捡了个第一。以下牛四趾偶数，虎五趾奇数；然后兔四趾偶数，龙五趾奇数；如此下去，直到猪四趾偶数。

阴阳五行说指的是，天干在上，地支在下。动物足趾也在下，故宜与地支相配。地支中子、寅、辰、午、申、戌属阳，应与足趾为奇数（奇数为阳）的动物相配。丑、卯、巳、未、酉、亥属阴，应与足趾为偶数（偶数为阴）的动物相配。蛇无足，但其舌有两岔，故也归入偶数之列。老鼠与虎、龙、马、猴、狗皆为奇趾动物，为什么得了第一呢？古人认为，"子"虽属阳，但也有属阴的一面，所谓阳尽阴生，阴尽阳生。夜半子时为当日之尾，次日之首，即阴阳交替之时。老鼠前足四趾，属阴；后足五趾，属阳。因此选老鼠与"子"相配。

十二生肖至今仍在使用，并且在东南亚许多国家也广为流传。每到春节，那一年的生肖就特别吃香：春节晚会上，有关生肖的节目备受关注；各种杂志推出相关文章；造币公司发行纪念币，邮票公司发行纪念邮票和小型张；各种挂历和其他美术作品充满街头。同时，人们利用这个机会宣传动物保护、生态平衡、文物保护。生肖已经成为重要的文化现象。

纪元何年才合适

公元 325 年，欧洲各国基督教代表开会决定各国统一使用儒略历，但各自仍使用自己原来的纪年方法。比如，罗马帝国以始建罗马城为纪元，希腊以召开第一次奥林匹克运动会那一年为纪元，也有以狄奥克列颠称帝那年为纪元的。

为了扩大基督教的影响，僧侣们一直谋求使用统一的纪年方法。直到公元 532 年，僧侣狄奥尼亚经过一番联想和推算，判定耶稣生于狄奥克列颠纪元前 284 年，并建议以后基督教的纪年统一以耶稣降生那一年为纪元，称为公元元年。经过推算，他确定当年是耶稣降生的第 532 年，即公元 532 年。

实际上，狄奥尼亚并不准确知道耶稣是哪一年降生的。他采用 532 这个数字纯粹是为了编制历法的方便，因为 532 是 7、4、19 的最小公倍数。其中 7 是一星期的日数，4 是闰年的周期，19 是月亮和太阳运行到同一相对位置的周期。采用 532 不仅有利于安排星期和闰年，而且使得根据月亮运行计算出来的某个日子例如复活节，过了 532 年又回到了同一年。所以，狄奥尼亚当时宣称耶稣诞生于 532 年前是基于编制历法的需要，而把耶稣诞生作为缘由又可以满足基督教会的需要。果然，此言一出就得到了大多数基督教会的支持，得以实行。

《圣经》上关于耶稣诞生的记述曾引起人们的怀疑，而狄奥尼亚的说法纯属臆想。经考证，耶稣诞生比狄奥尼亚所说早了4年。但因狄奥尼亚是著名僧侣，他的说法又迎合了基督徒的愿望，因而他所建议的公元纪年法得以流传。对于后世的人来说，也就只好如此了。

曜日演变成星期

"曜"有明亮、照耀、星辰三种解释。曜日则综合上述三种含义，指星辰照耀的日期。曜日制是以星辰主曜的日期所形成的循环纪日的制度。

古埃及天文学家认为，所有星辰都是围绕地球转动的，其中最明亮的有七颗：太阳、月亮、火星、水星、木星、金星、土星。这七颗星都有灵性，能表示上天的意愿，能掌握人类的命运。他们让每一颗星主持一天人间的事务，并称这颗星为主曜，因此形成了日曜日、月曜日、火曜日、水曜日、木曜日、金曜日、土曜日，共连续七天。这就是曜日制。

恺撒在公元前50年前后请埃及天文学家参加修改历法，曜日制遂传入罗马，以后又随着基督教的传教活动传播到欧洲各国。由于星辰固定地代表着日期，于是就逐渐将曜日称为星期，并依此把日曜日、月曜日、火曜日、水曜日、木曜日、金曜日、土曜日称为星期日、星期一、星期二、星期三、星期四、星期五、星期六。

曜日制早在唐朝就由西域传入我国，但未流传下来。明朝末年，曜日制又随着西方历法传入我国。到清朝中期，曜日制正式改为星期制。

现在，在日文中，还沿用曜日制的汉字写法。英文等西方文字中，也沿用曜日制的名称。如英文星期日是 Sunday，星期一是 Monday，其中 Sun 意为太阳，day 意为日，而英文中月亮称为 Moon。

一般来说，星期制以星期日为首日。但我国排序习惯从一开始，因此以星期一为首日。在实行双休日之前，以星期日为首日也是可以的。

连续计算儒略日

公元 1582 年，法国学者加利杰倡议，除格里历之外再创立一种不间断的纪日法。他以太阳周 28 年、章法 19 年、律会 15 年的三数相乘，求得 7980 年，称为儒略周。加利杰上溯至公元前 4713 年 1 月 1 日为一总的纪元，即儒略日第 1 日，并由此开始连续纪日。儒略日以每日 12 时为日界。由此推算，2003 年 1 月 1 日 12 时为儒略日 2452646 日，2004 年 1 月 1 日为儒略日 2453011 日。

儒略日这样啰唆，有什么用处呢？原来它在天文学上很有用。天文学家在计算两个天象发生的准确时间间隔时，用儒略历最方便，因为这种纪日法不必考虑闰年和大小月这些麻烦事。

地球常常不准时

地球绕太阳转动的轨道是椭圆的，所以地球和太阳之间的距离时有改变，地球公转的速度也时有变化。

我们在夜晚的星空看到满天星斗，这些星斗有些在天上转，有些好像从来不动。满天的星星组成了一个奇大无比的球，我们把它叫作天球。把地球的赤道面向天球延伸，就形成天赤道。

一天的长度是怎样确定的呢？黄道面和赤道面形成23度27分的夹角。一月初，太阳距地球最近，在黄道上一天走1度1分8秒。七月初，太阳距地球最远，在黄道上一天只走57分11秒。由于黄道面对赤道面的倾斜和太阳在黄道上的位置差异这两个原因，使得太阳在天球上行进的角度各天长度都不一样。如果以我们每天看到的太阳在天球上的实际位置来确定一天的长度，就得到所谓视太阳日。由于前面提到的原因，视太阳日每天的长短都不一样。这样当然用起来很不方便。天文学家求出全年视太阳日长度的平均值，称为平太阳日。这就是现在我们所用的一天的长度。把这个平太阳日分成24份，就是24小时。

有了平太阳日和小时的划分，我们就可以每天通过天文观测授时了。在决定了一天的长度以后，人们制造了钟表，可以知道每天任何时间的时刻。可是十表九不同，以谁的表为准呢？有人说，以电台广播的和电视上显示的为准。那电台和电视台的钟又是以谁为准呢？在我们国家，就是以国家授时中心为准。过去天文学家把地球当成一个最准的钟，并不停地观测地球的运动，用以校准天文台的钟。后来人们制出了高度精确的铯原子钟，用不着再天天和地球"对时"了。

是不是有了国家授时中心的铯原子钟就万事大吉了呢？不是的。人们发现，天文台的钟走得非常均匀，而我们脚下的地球却走得不那么均匀。地球的自转速度是随时间变化的。把1900年以来用地球自转的计时和铯原子钟的计时相对照，发现两者已相差49秒了。把这种地球多年来时快时慢造成的误差消去以后，仍然不能使天文台的钟和地球的平均速度一致。

怎么办呢？我们生活在地球上，尽管地球的自转不很均匀，使得每一天不一样长，但我们的生活必须与地球合拍。没办法，我们不能和地球对着干，因而只好迁就地球而调整天文台的钟了。于是，人们决定，在地球比铯原子钟慢时加上一秒，在地球比铯原子钟快时减去一秒，这一秒就称之为闰秒。天文学家在时刻为地球对时，他们知道地球这个钟什么时候快了，什么时候慢了，什么时候该设置闰秒。自从 1972 年开始引入闰秒以来，50 年来已经数十次引入了闰秒。以 2016 年的最后一天为例，时钟在显示 23:59:59 之后，显示 23:59:60，然后才进入 2017 年。当然，我们普通百姓对这一秒是不会有什么特殊感觉的。

所以说，我们现在使用的历法是适合在地球上的人生活的历法。如果我们有一天移民到了火星，并且把铯原子钟带到了那里，我们当然希望知道相应的年月日时。如果我们不改变观念，仍然采用地球上的历法，那就会给生活带来巨大的不便。火星绕太阳转一圈需要 686.98 个地球日，火星自转一周需要 24 小时 37 分。所以，如果我们仍然用地球上的历法，我们的生活岂不要乱套了吗？那时，我们得制定一个火星历，用来安排我们在火星上的生活。再说，地球只有月亮这一个天然的卫星，它绕地的运动就是一个天然的尺度——月。而火星有两个卫星，我们究竟应该以哪个为标准来制定火星上的"月"呢？这当然又得下一番功夫了。当我们需要与地球上的人沟通的时候，我们还需要在火星历和地球历之间进行换算，就像现在我们和外国人打交道时需要进行人民币和外币的换算一样。

讲到这里，我们把闰年、闰月、闰日、闰秒都讲完了，让我们总结一下。阳历每四年在 2 月末增加的一天叫闰日。农历为调节阴阳历而在某些年份增加的一个月叫闰月，加在某月后的闰月叫闰某月。阳历有闰日的年份叫闰年，农历有闰月的年份叫闰年。闰年、闰月、闰日都意味着增加一月或一日，而闰秒就不一定了。

读懂节气

第四章

第一节
解读节气书

　　人们要有序地安排生产和生活，迫切需要有一个历法。大自然给我们提供了天然的历法时间尺度，就是人们在地球上看到的太阳东升西落、月亮的圆缺和寒来暑往，这就是日、月、年的来历。可惜，大自然在运动变化中并不考虑人们制定历法的需要，一年的长度既不是月的整数倍，也不是日的整数倍。同样，月的长度也不是日的整数倍。这就让制定历法的人们为难了。几千年来，人们提出的历法五花八门，但至今仍没有一部理想的历法。

　　在我国二十四节气里，"四立"即立春、立夏、立秋、立冬，被看作四季的开始。我们曾经说过，立春时我国很多地方并无春意，因而"立春不见春"。我们也说过，立冬时我国许多地方都已经进入冬天了，因而立冬就入冬。这就是说，四季的开始与二十四节气并无严格的对应关系，这除了我国幅员辽阔、各地季节有差异之外，四季的长度不完全相同也是一个原因。例如，对华北地区而言，冬季是漫长的，一般五个月左右，而春季却非常短暂，有两个月就不错了。给人们的感觉就是，温暖的春天享受不了多久，炎热的夏季就来临了，而且一热就是三四个月。等人们热得不耐烦了，秋天才姗姗来迟。好不容易过上几天秋高气爽的日子，严寒而漫长的冬季又来了。

斗转星移阴阳变

现在，我们把关于二十四节气的知识整理成表 4-1。

表 4-1　二十四节气与斗转星移

节气		日期		太阳位置		日影长度(尺)	斗柄指向			月	卦名	卦象	
序号	名称	月	日	宫名	黄经		方位角	方位	干支或卦名			上	下
1	立春	2	4,5		315	10.23	45	东北	艮				
2	雨水	2	19,20	双鱼	330	9.16	60		寅	一	泰	3阴	3阳
3	惊蛰	3	5,6		345	8.2	75		甲				
4	春分	3	20,21	白羊	0	7.24	90	东	卯	二	大壮	2阴	4阳
5	清明	4	4,5		15	6.28	105		乙				
6	谷雨	4	20,21	金牛	30	5.32	120		辰	三	央	1阴	5阳
7	立夏	5	5,6		45	4.36	135	东南	巽				
8	小满	5	21,22	双子	60	3.4	150		巳	四	乾	3阳	3阳
9	芒种	6	5,6		75	2.44	165		丙				
10	夏至	6	21,22	巨蟹	90	1.42	180	南	午	五	姤	5阳	1阴
11	小暑	7	7,8		105	2.4	195		丁				
12	大暑	7	23,24	狮子	120	3.4	210		未	六	遁	4阳	2阴
13	立秋	8	7,8		135	4.33	225	西南	坤				
14	处暑	8	23,24	室女	150	5.32	240		申	七	否	3阳	3阴
15	白露	9	7,8		165	6.28	255		庚				
16	秋分	9	23,24	天秤	180	7.24	270	西	酉	八	观	2阳	4阴
17	寒露	10	8,9		195	8.2	285		辛				
18	霜降	10	23,24	天蝎	210	9.16	300		戌	九	剥	1阳	5阴
19	立冬	11	7,8		225	10.13	315	西北	乾				
20	小雪	11	22,23	人马	240	10.18	330		亥	十	坤	3阴	3阴
21	大雪	12	7,8		255	10.24	345		壬				
22	冬至	12	21,22	魔羯	270	10.3	0	北	子	十一	复	5阴	1阳
23	小寒	1	5,6		285	10.24	15		癸				
24	大寒	1	20,21	宝瓶	300	10.23	30		丑	腊	临	4阴	2阳

此表的第一列、第二列是各个节气的序号和名称。序号为单数的称节气，双数的称中气，合在一起仍称节气。

第三列、第四列给出各个节气对应的格里历日期，如立春在 2 月 4 日或 5 日。

第五列、第六列是该节气到来时太阳在黄道上的位置。春分时太阳入黄道第一宫白羊宫，谷雨入第二宫金牛宫。如此下去，来年的雨水入第十二宫双鱼宫。这种黄道第十二宫次序的排法，表示春分为岁首，与现代天文学是一致的。立春时太阳位于黄经 315 度，以后每个节气移动 15 度，到惊蛰时到达 345 度，春分到 0 度，大寒到 300 度。

第七列是各个节气当天 12 时土圭测得的日影长度，以市尺为单位。冬至时太阳直射南回归线，北半球太阳高度角最低，因而日影最长，达一丈零三寸。夏至时太阳直射北回归线，北半球北回归线以北的地方太阳高度角最高，因而日影最短，仅一尺四寸二分。从冬至到夏至，日影逐渐变短；从夏至到冬至，日影逐渐变长。

第八列至第十列是该节气之日，北斗星斗柄的指向。例如，冬至时，斗柄指北，方位角为 0 度，对应的地支为子。夏至时，斗柄指南，方位角为 180 度，对应的地支为午。雨水时，斗柄指向东北偏东的方向，方位角为 30 度，对应的地支为寅。阴历每月必对应一个中气。

第十一列给出相应的阴历月份。例如，冬至在十一月。

第十二列至第十四列是该月的卦名和卦象。第十二列所示的卦，称为消息卦。从复卦到乾卦为息卦，表示阳气渐长，反映冬至到夏至的气候变化；从姤卦到坤卦为消卦，表示阴气渐长，反映夏至到冬至的气候变化。如十一月为复卦，其卦象是五个阴爻在上，一个阳爻在下，表示冬至时阴气达到极盛，但阴极阳生，阳气已开始冒头。这说明以冬至为岁首也是有道理的。六月为姤卦，其卦象是五个阳爻在上，一个阴爻在下，表示夏至时阳气达到极盛，但阳极阴生，阴气已开始冒头。又如正月为泰卦，其卦象是三个阴爻在上，三个阳爻在下，表示阴气和阳气开始达到平衡。二月为大壮卦，其卦象是两个阴爻在上，四个阳爻在下，表示春分时虽然阴阳平衡，但这种平衡已到尽头，阳气开始上升了。十二消息卦可以看成两个八卦联合形成，因而可分成二十四个，这就是二十四经卦，它正好对应二十四节气。

从这里可以看出，阴历的月份虽然以月相为依据，但它已考虑了斗柄的指向，因而有阳历的成分。

表中第八列至第十列的北斗星斗柄的指向与二十四节气的关系是极为重要的。中西方早期的天文学的基本观点有本质的差异。西方古代天文学将太阳或地球看作不动的宇宙中心，其他星体以匀速正圆方式围绕中心旋转。而古代中国人则将北极星看成宇宙中心的不动点，北斗及众星围绕北极星做圆周运动，这就是所谓的斗转星移。斗柄所指决定了春夏秋冬和二十四节气。同时，古人又从观测天体的运动和自然界的变化总结出阴阳、五行、八卦学说，认为春夏为阳，秋冬为阴；春属木，夏属火，秋属金，冬属水，大夏属土，并以八卦和六十四卦表示四季、五时、二十四节气。同时阴阳、五行、八卦学说还与人文科学结合在一起，用来说明社会现象，又形成了相应的民俗。将它用于医学，就产生了以阴阳、五行学说为基础的中医理论和养生学说。

总之，在中国人看来，斗转星移的大自然，是一切社会现象及人类身心发育和医疗保健的基本理论基础。因此，中国人就有了"天人合一"的说法，强调天与人的关系紧密相连，不可分割。中国人强调天道与人道、自然与人类的相通和统一。

中国人把人看成是自然界的一部分，要求人与自然和谐相处。这就是我国传统文化的精华，也是我们今天处理与大自然关系的基本点。现代气候学认为，气候是由大气圈、水圈、冰雪圈、岩石圈所组成的气候系统在太阳辐射作用之下形成的。有科学家认为，现在人类对气候已产生了一定的影响，人类已成为独立的圈层，有必要把人类圈也包括到气候系统之中。由于人类过分使用化石燃料和盲目改造地球，已经对生态系统造成了很大的破坏。今后，人类只有与大自然和谐相处，约束自己的行为，才有可能避免更严重的气候变化发生，才有可能使生态环境得到改善。对于已经发生和不可避免将要发生的气候变化，人类应当顺其自然，提高自己的适应能力。

二十四番花信风

古人说的"二十四番花信风"是：

小寒：一候梅花，二候山茶花，三候水仙花。

大寒：一候瑞香花，二候兰花，三候山矾花。

立春：一候迎春花，二候樱桃花，三候望春花。

雨水：一候菜花，二候杏花，三候李花。

惊蛰：一候桃花，二候棣棠花，三候蔷薇花。

春分：一候海棠花，二候梨花，三候木兰花。

清明：一候桐花，二候麦花，三候柳花。

谷雨：一候牡丹花，二候酴醾花，三候楝花。

您看，大自然是非常守信用的，时候到了，花就开了。如果哪一候或哪个节气大自然"失信"了，花儿到时不开，或者抢先开了，千万不要埋怨花儿。这不是花儿的错，是老天爷的错，是他把温度调得太低或者太高了。

在"二十四番花信风"中，梅花最早，楝花最后。"二十四番花信风"过后,百花吐艳,此时已经进入5月。

梅花开在小寒节气,也就是一年最冷的时候。冬至时地面收到的太阳辐射最少,但阴极阳生,此后地面就开始又受到太阳的青睐了。梅花敏感,它已经捕捉到大地将逐渐回暖的信息。梅花认为这种好事应该与人类共享,于是就来向人们报告。人们常把迎春花看成春天到来的标志,殊不知梅花是向人们报告春的信息的哨兵。

还有一种二十四番花信风,见梁元帝《纂要》。其文曰:

一月两番花信风,阴阳寒暖,各随其时,但先期一日,有风雨微寒者即是。其花则:鹅花、木兰、李花、瑒花、恺花、桐花、金樱、黄芳、栋花、荷花、槟榔、蔓罗、麦花、木槿、桂花、芦花、兰花、蓼花、桃花、枇杷、梅花、水仙、山茶、瑞香,其名具存。

这个二十四番花信风就将全年应时而开的花全包括在内了。

七十二候候候异

二十四节气,每个节气约十五天,分为三候。全年共七十二候。我们在讲每个节气时都介绍了各候的物候和气候,现在把它们汇总在一起。

立春:初候东风解冻,二候蛰虫始振,三候鱼陟负冰。

雨水:初候獭祭鱼,二候候雁北,三候草木萌动。

惊蛰:初候桃始华,二候仓庚鸣,三候鹰化为鸠。

春分:初候玄鸟至,二候雷乃发生,三候始电。

清明:初候桐始华,二候牡丹华,三候虹始见。

谷雨:初候萍始生,二候鸣鸠拂其羽,三候戴胜降于桑。

立夏：初候蝼蝈鸣，二候蚯蚓出，三候五瓜生。

小满：初候苦菜秀，二候靡草死，三候麦秋至。

芒种：初候螳螂生，二候鹏始鸣，三候反舌无声。

夏至：初候鹿角解，二候蜩始鸣，三候半夏生。

小暑：初候温风至，二候蟋蟀居壁，三候鹰始鸷。

大暑：初候腐草化萤，二候土润溽暑，三候大雨时行。

立秋：初候凉风至，二候白露降，三候寒蝉鸣。

处暑：初候鹰乃祭鸟，二候天地始肃，三候禾乃登。

白露：初候鸿雁来，二候玄鸟归，三候群鸟养羞。

秋分：初候雷始收声，二候蛰虫坯户，三候水始涸。

寒露：初候鸿雁来宾，二候雀入水为蛤，三候菊有黄花。

霜降：初候豺乃祭兽，二候草木黄落，三候蛰虫咸俯。

立冬：初候水始冰，二候地始冻，三候雉入大水为蜃。

小雪：初候虹藏不见，二候天气上腾地气下降，三候闭塞成冬。

大雪：初候鹖鴠不鸣，二候虎始交，三候荔挺出。

冬至：初候蚯蚓结，二候麋角解，三候水泉动。

小寒：初候雁北乡，二候鹊始巢，三候雉始雊。

大寒：初候鸡始乳，二候征鸟厉疾，三候水泽腹坚。

上面的描述以物候为主，也提到了一些气候情况。七十二候的物候连在一起，构成一幅全年的物候变化图。

四季养生须五补

四季的养生应因时、因人、因地而异。就起居而言，应当顺应四季气候的变化，随时调整。冬季夜长日短，宜早睡晚起；夏季日长夜短，宜晚睡早起；春秋日夜均衡，宜早睡早起。

按照中医养生学的观点，应当四季五补，即春要升补，夏要清补，长夏要淡补，秋要平补，冬要温补。

在养生方面，我们以《寿亲养老新书》中的一段作为总结。该段说："一者少言语，养内气；二者戒色欲，养精气；三者薄滋味，养血气；四者咽津液，养脏气；五者莫嗔怒，养肝气；六者美饮食，养胃气；七者少思虑，养心气。"如能做到这些，对延年益寿是大有裨益的。

中华民族的饮食习惯是在素食的基础上，全面膳食，力求荤和素、主食和副食、正餐和零食、饮品和食品之间的合理搭配，并尽量做到多样化，主张食而不偏、量不可过。

古人把食物性能归纳为寒凉类、平性类、温热类。在人们常吃的三百多种食物中，平性居多，温热类次之。

寒凉类食物有滋阴、清热、泻火、凉血、解毒作用，其中包括西瓜、甜瓜、香蕉、甘蔗、杧果、枇杷、苹果、梨、柿子、荸荠、菱角、桑葚、番茄、黄瓜、苦瓜、冬瓜、白萝卜、丝瓜、莲藕、茭白、竹笋、慈姑、蕨菜、马齿苋、芹菜、淡豆豉、海藻、海带、螃蟹等。

温热类食物有温经、助阳、活血、通络、散寒等作用，其中辣椒、花椒、芥末、鳟鱼等为热性，樱桃、荔枝、龙眼、杏、石榴、栗子、大枣、胡桃仁、大蒜、南瓜、生葱、姜、韭菜、小茴香、鳝鱼、鲢鱼、淡菜、虾、海参、鸡肉、羊肉、鹿肉、火腿、鹅蛋等为温性。

平性食物有李子、无花果、葡萄、白果、百合、莲子、花生、榛子、黑芝麻、黑白木耳、黄花菜、洋葱、土豆、黑豆、红豆、黄豆、扁豆、豇豆、圆白菜、芋头、胡萝卜、白菜、香椿、青蒿、大头菜、海蜇、黄鱼、鲤鱼、猪肉、猪蹄、牛肉、甲鱼、鹅肉、鹌鹑、鸡蛋、鹌鹑蛋、鸽蛋、蜂蜜、牛奶等。

平时在饮食搭配上，应根据食物的性质合理调配，做到因时、因地、因人、因病的不同辩证用膳。

阴阳五行主迎气

人们在不同的季节开始的时候，都要举行迎气礼仪，并形成相应的民俗。

现在，我们将古人一年四季五时的五个迎气仪式所涉及的内容列一个表（表4-2）。由此可见，我国的节气文化与阴阳五行学说有密切关系。木、火、土、金、水与春、夏、大夏、秋、冬相联系，也与青、赤、黄、白、黑和东、南、中、西、北相联系。春夏属于阳，秋冬属于阴。把五行学说和阴阳学说结合起来，形成相应的神明、乐曲和舞蹈。这就是五时开始时迎气仪式的含义。

表4-2　迎气仪式

季节	五行	颜色	五帝	方位	距离	时间	神明	乐曲	舞蹈
春	木	青	青帝伏羲	东方	八里	立春	句芒	青阳	云翘
夏	火	赤	赤帝炎帝	南方	七里	立夏	祝融	朱明	云翘
大夏	土	黄	黄帝	中央		立秋前十八日	后土	朱明	云翘/育命
秋	金	白	白帝少昊	西方	九里	立秋	蓐收	西皋	育命
冬	水	黑	黑帝颛顼	北方	六里	立冬	玄冥	玄冥	育命

天人合一求发展

春秋时代的著作《管子》中说："凡有地牧民者，务在四时。"又说："不知四时，乃失国之基。"《越绝书》中说："春生，夏长，秋收，冬藏。

不失其常，故曰天道。"又说："凡举百事，必顺天地四时，参以阴阳。用之不慎，举事有殃。"把这些话用现代语言加以概括，就是春生、夏长、秋收、冬藏是自然规律。从事农业生产或做其他事，都必须顺应四时变化的自然规律。一旦违反了这些规律，就要受到规律的惩罚，产生祸殃。古人把顺应四时看成"国之基"，用我们今天的话说，就是基本国策。

由此可见，人类应当适应气候变化的观念，古已有之。到了近代，自然科学日渐发达，生产高速发展，好多人在对待自然规律方面，却进入了误区。为了发展，人们盲目燃烧化石燃料，盲目开发土地，导致气候变化、土地沙化、植被破坏、生态失衡、物种灭绝。今天为了一时的利益制造污染、破坏生态，明天又迫不得已花大力气去治理污染、恢复生态。

现在，人类的觉悟已经提高，意识到需要约束自己的行为，需要控制气候变暖，需要保持生态平衡。有识之士提出，人类除了需要控制气候变暖外，也需要而且必须适应气候的变化。用传统的语言说，就是天人合一。对我们来说，只有头上的天还是那个蓝莹莹的天，脚下的地还是那个绿油油的地，人才能过上幸福美满的生活。人类与自然界处于同一系统中，我们也是自然界的一部分，切不可把自己凌驾于自然界之上。只有与自然界和谐相处，才能实现社会和人的全面发展。

可以说，借鉴天人合一的思想，顺应自然和社会发展的潮流，坚持以人为本，促进社会和人的全面发展，是富国强民的必由之路。

第二节
推出节气历

我们已经把有关二十四节气的各个方面都介绍了，也已经看到了二十四节气的科学意义和文化内涵。二十四节气是祖国优秀文化遗产的一部分，我们应当把它发扬光大。

现在我们试着把二十四节气用于改进现行历法。

我国宋代科学家沈括（1030—1094年）曾提出一种"十二气历"。他把一年分成十二个月，用立春做初春的开始、惊蛰做仲春的开始、清明做季春的开始、立夏做初夏的开始，以此类推。

这个历法与节气一致，适合农事的需要，可惜未能实行。前文提到的太平天国创制的天历，也因为各种原因而未能实行。

1920年前后，英国气象局局长萧伯纳拟定了与沈括同样的方案，不过他以立冬为元旦。他把这个历法叫作农历。现在英国气象局统计农业气候和农业生产就用这个农历。

现在，我们何不吸收以上历法的优点并加以完善，推出一种新的历法呢？

这个新的历法我们称为节气历，它的要点如下：

现代气象学以 3—5 月为春季，6—8 月为夏季，9—11 月为秋季，12 月至下一年 2 月为冬季，与我国气候特点相合。因此节气历将岁首定在格里历的 3 月，命名为 1 月。若如此，则节气历 1—3 月为春季，4—6 月为夏季，7—9 月为秋季，10—12 月为冬季。这样一来，气象统计工作将比现在方便和准确很多。

如前所述，阴历的每个月都对应一个中气。如果这个月没有中气，就是这个中气跑到下月去了，这就打乱了月序和中气的对应关系。如果把闰月加在没有中气的月份，就能使每一个月对应一个固定的中气。这里提出的节气历，将节气置于月头，中气置于月中。这样每个月都对应一个中气。节气历是阳历，因而无须设置闰月，又具有我国传统历法的特点。

节气历的日期与格里历日期的对应关系固定。

适当照顾星期的安排。

单月为小月，30 天；双月为大月，31 天。每个季度的日数基本相等。但是只能设 5 个大月，考虑到冬季太阳在近日点附近，节气间间隔日期较少，将节气历的 12 月改为小月。

仍采用格里历的闰年方法，将闰年增加的一天置于节气历 12 月的月尾。

表 4-3 列出节气历与格里历和节气的对照关系。

表 4-3　节气历、格里历和节气对照关系

节气历月		1	2	3	4	5	6	7	8	9	10	11	12
日数		30	31	30	31	30	31	30	31	30	31	30	平年 30 闰年 31
节气历	月	1	2	3	4	5	6	7	8	9	10	11	12
	日	1	1	1	1	1	1	1	1	1	1	1	1
格里历	月	3	4	5	6	7	8	9	10	11	12	1	2
	日	5	4	5	4	5	4	4	4	4	4	4	3
节气		惊蛰	清明	立夏	芒种	小暑	立秋	白露	寒露	立冬	大雪	小寒	立春
节气历	月	1	2	3	4	5	6	7	8	9	10	11	12
	日	1,2	1,2	1,2	2,3	3,4	4,5	4,5	5,6	4,5	4,5	2,3	2,3
格里历	月	3	4	5	6	7	8	9	10	11	12	1	2
	日	5,6	4,5	5,6	5,6	7,8	7,8	7,8	8,9	7,8	7,8	5,6	4,5
中气		春分	谷雨	小满	夏至	大暑	处暑	秋分	霜降	小雪	冬至	大寒	雨水
节气历	月	1	2	3	4	5	6	7	8	9	10	11	12
	日	16,17	17,18	17,18	18,19	19,20	20,21	20,21	20,21	19,20	18,19	17,18	17,18
格里历	月	3	4	5	6	7	8	9	10	11	12	1	2
	日	20,21	20,21	21,22	21,22	23,24	23,24	23,24	23,24	22,23	21,22	20,21	19,20

　　从这个表可以看出，节气历的第二季度为 92 天，其余三个季度均为 91 天。这样的安排使各个季节的长度基本相等，而且可以体现夏季节气之间的间隔较大的特点。在闰年，单数季度 91 天，双数季度 92 天。各个季节的长度仍基本相等，有利于经济工作的安排和统计。91 天正好 13 个星期，因此可以做到前半年和后半年的两个季度的星期的次序都一样。在平年下半年每个季度还和第二年上半年每个季度星期的次序都一样，使连续四个季度的星期安排不变。比如说，前半年每个季度都从星期日开始，后半年每季度都从星期一开始，如果是平年，第二年前半年每季度也都从星期一开始。第二年后半年每季度都从星

期二开始。如果这年仍是平年，则从星期二开始的季度一直持续到第三年前半年。这种星期的安排有利于经济工作、日常生活和各种社会活动的计划和运行。对于星期的安排，在经历 7 个闰年即 28 年后就循环回来了。

从这个表可以看出，每一个节气对应的日期可以相差一天，节气对应的日期在 1—6 日内变动，中气对应的日期在 16—21 日内变动。造成这种变动的原因是各个节气之间的时间间隔并不是完全一样的。可见，纯粹把节气作为一种历法也是不方便的，无法像这里提出的节气历一样保证各个月份长度的均衡。

前面提到，节气对应的日期在 1—6 日内变动，中气对应的日期在 16—21 日内变动。造成这种变动的原因是我们现在使用的二十四节气所在的日期是用"定气"的方法决定的，即按太阳在黄道的位置以每 15 度一个节气来定的，因而各个节气之间的日期间隔并不完全一样。由于地球在冬至附近在近日点，在夏至附近在远日点，因此在冬至两个节气之间的日期间隔（即地球在公转 15 度时所经历的时间）比在夏至附近时要短。如果我们采用"平气"（也叫"恒气"）的方法决定二十四节气所在的日期（即用一年的 1/24 来决定二十四节气所在的日期），则所有节气之间的时间间隔都是 15 天稍多一点。当我们把用"平气"的方法决定的二十四节气所在的日期用于制定节气历，则所有的节气都在每月的 1 日或 2 日，所有的中气都在 16 日或 17 日。

结束语

我们说二十四节气是一本大书,我们需要加强对二十四节气这一文化瑰宝的研究。

二十四节气诞生已有两千多年,反映的是黄河流域的情况。经历了历史的长河,由于自然环境的变化和人类的活动,气候已经有了一定的变化,生态环境和物候也都有了不小的变化。两千多年来,我国农业有了很大的发展,现在正处在从传统农业向现代农业的转变时期。同时,大气科学已有了长足的进展,对二十四节气的某些方面也有了新的理解。医学有了很大的发展,中西医结合,相得益彰,养生学发展到了新的阶段。传统民俗经过曲折的发展,有了新的意义和变化。有鉴于此,以往关于二十四节气的很多认识已不符合现代的情况。

二十四节气兼容并包,内容广泛。这里包括节气的天文意义、气象含义、农事意义、文化意义、生活应用等。天文意义应当包括现代天文学对节气的解释以及在历法中的作用。气象含义应当包括它的气候学意义，各个节气在我国各地气候上的表现，气候变化在历史和现代气候上的反映，不同节气气候异常的情况，节气的物候意义及其变化。农事意义包括各地不同节气相应的农事活动和在气候异常情况下农事的安排，现代农业生产和节气的关系。文化意义包括历史上的节气文化和现代人发展的节气文化，有文学、艺术、民俗等各个方面。生活应用包括不同节气人体的养生保健、生活安排等。这里列出的一些问题，在这本书的现有篇章中并不是都有现成的答案。因此，在我们读这本书的同时，应当对上述问题做进一步的研究，这样我们也就根据现代人的理解对这本书作出新的贡献了。在这个意义上，我们也就是在续写这本大书。

科学在不断地发展，节气文化也需要与时俱进。因此，二十四节气是一本永远写不完的大书，也是一本永远读不完的大书。

参考文献

［1］电视专题片《二十四节气与农时》.

［2］樊增效．农村节气与节日．北京：农村读物出版社，1985.

［3］常秉义．周易与历法．北京：中国华侨出版社，1999.

［4］戴兴华．历法常识趣谈．合肥：安徽科学技术出版社，1999.

［5］简涛．立春风俗考．上海：上海文艺出版社，1998.

［6］天水市政协文史资料委员会编．羲皇颂．2002.

［7］夏江江，严中伟，周家斌．"三伏"的气候学定义和区划．气候与环境研究，2011，16（01）：31-38.

后 记

　　2022 年 2 月 4 日，举世瞩目的第 24 届冬季奥林匹克运动会在北京鸟巢开幕。倒计时开始，一幅幅带有节令特色的精美画面依次出现，雨水，惊蛰……小寒，大寒，立春！在全球数十亿人的关注下，二十四节气，作为中华传统文化的优秀代表，以令人惊艳的方式呈现在世界面前。那一天恰逢新一轮二十四节气伊始的立春，万物生机勃发，彰显着生命的活力，正与奥林匹克运动的精神契合。

　　作为《中国二十四节气》的作者之一，我感到深切的自豪，也从内心感谢本书的第一作者——我的父亲周家斌——为挖掘二十四节气的科学内涵和文化价值多年付出的辛勤劳动。

　　二十四节气源远流长。时光转回数千年前，《尚书·虞书·尧典》记载："乃命羲和，钦若昊天，历象日月星辰，敬授民时"。意思就是尧帝命令羲氏、和氏，按照日月星辰的运行规律制定历法，来指导民众的生产生活。

2021 年，适逢中国现代考古学百年，山西襄汾陶寺遗址（约公元前 2300 年—公元前 1900 年）入选国家文物局评选的"中国百年百大考古发现"。历时几十年的发掘和研究表明，这里很可能是尧帝的都城——平阳，不但有呈现早期国家特点的城邦、宫殿、礼仪制度，初始的文字和铜器，更发现了全球最早的测日影天文观测系统和最早的古观象台。古观象台修建了大致呈扇形排列的 13 根长方形立柱，形成了 12 道缝隙。站在离立柱群不远的观测点上，观察阳光是否从正中透过缝隙，人们就可以确认 20 个节气。这些节气虽然与今天的二十四节气略有偏差，但在 4000 年的漫长岁月中，黄赤交角发生了细微变化，它们实际上十分符合当时的天文情况。这个古观象台比功能类似的英国巨石阵还早 500 年，让我们不得不惊叹，华夏先祖拥有当时世界领先的天文历法知识。可以说，二十四节气深深根植于中华文化的土壤之中，是远古时代人们科技实践的体现，与早期的宫殿、文字、礼器、乐器共同在中国早期文明的曙光中孕育。

随着时间的推移，越来越多的人开始认识到二十四节气的重要价值。这种凝聚了古人无数智慧的经典历法，在时间的长河中被不断丰富完善，早已从指导礼仪祭祀、农事耕种，扩展为指导人们生产生活的方方面面，渗透到科学、文化、经济和社会的诸多细节中。其中蕴含的天人合一、道法自然的思想，至今深刻影响着人类对世界的认知。二十四节气还被联合国教科文组织列入世界非物质文化遗产名录，其历史文化价值和科学价值得到了世界性认可，是中华民族对世界文明发展的重要贡献。

本书系统梳理了二十四节气所涉及的天文学、地理学、生物学、农学、哲学、社会学、民俗学等各学科知识，配以精心选择的图片，让读者在轻松阅读中了解其蕴含的博大智慧，从一个新的视角更好地学习和传承中国文化。

在这个科技发展日新月异、东西文化融汇激荡的时代，让我们从以二十四节气为代表的中华传统文化中不断汲取营养，在此基础上守正创新、发扬光大，继续为人类社会的长远发展贡献中国人的力量。

出版在即，特以记之。

周志华

2022 年 5 月